# 现代书籍装帧设计

尹 丹 主编

清华大学出版社

北 京

## 内 容 简 介

本书通过对书籍装帧设计历史的回顾以及现状的分析，详细讲解了现代书籍装帧设计的属性和特征，对书籍的开本、装帧分类、构成元素、系列丛书、印刷和制作工艺、现代书籍装帧的个性化设计和概念书籍做了较详细的阐述。本书既保留了书籍装帧设计的严谨部分，又强调了现代书籍装帧设计需要的创新和突破。

通过本书的学习，学生能了解并掌握现代书籍整体设计的知识和设计方法，并能独立进行书籍整体设计，对学生研究和探索现代书籍装帧设计，提高动手能力和创新突破能力，具有较强的启迪和指导作用。书中引用了大量的国内外经典图例，具有浓重的现代和文化气息。

本书适用于国内各大高等院校艺术专业的学生，也可作为艺术设计从业者的参考用书。

**图书在版编目(CIP)数据**

现代书籍装帧设计/尹丹主编. —北京：清华大学出版社，2021.1（2024.1重印）
ISBN 978-7-302-57046-2

Ⅰ.①现…　Ⅱ.①尹…　Ⅲ.①书籍装帧—设计—高等学校—教材　Ⅳ.①TS881

中国版本图书馆CIP数据核字(2020)第238178号

责任编辑：孟　攀
封面设计：李　坤
责任校对：王明明
责任印制：丛怀宇

出版发行：清华大学出版社
　　　　网　　址：https://www.tup.com.cn，https://www.wqxuetang.com
　　　　地　　址：北京清华大学学研大厦A座　　　邮　　编：100084
　　　　社 总 机：010-83470000　　　　　　　　邮　　购：010-62786544
　　　　投稿与读者服务：010-62776969，c-service@tup.tsinghua.edu.cn
　　　　质量反馈：010-62772015，zhiliang@tup.tsinghua.edu.cn
　　　　课件下载：https://www.tup.com.cn，010-62791865
印 装 者：三河市人民印务有限公司
经　　销：全国新华书店
开　　本：190mm×260mm　　印　　张：8.25　　字　　数：201千字
版　　次：2021年1月第1版　　　　　　　　　　印　　次：2024年1月第5次印刷
定　　价：49.00元

产品编号：089756-01

  "书籍装帧设计"课程是目前国内外设计学院平面设计专业通常都会开设的一门专业课程。它包含了平面设计里的字体设计、版式设计、插画设计、广告设计、包装设计、材料运用等学科知识，是一门综合性很强的专业课程。

  在书籍设计发展的很长一段时间，书籍都是被当成一种二维的视觉载体来看待的，甚至还有人认为书籍设计只需要完成封面设计就行了。书籍装帧设计历经了多种变革，到了现代，因数字媒介阅读的逐渐普及，传统书籍行业受到了很大冲击，书籍装帧设计面临极大的挑战。

  随着新兴媒体的出现，数字书籍改变了传统的阅读方式，对于内容的表现，确实有其自身的优势，比如容量大、更新快、成本低，所以深得大众喜爱，但是也有自身的一些瑕疵，比如长期阅读带来的视觉疲劳、有些交互型数字书籍过分关注富媒体设计，忽略了书籍本身内容的传递等。面对这样的现状，纸质书籍需要接受市场考验，并做出应对，不断审视和发掘自身优势，不断自我调整、改变和探索，在时代变革中变奏重构。

  著名书籍设计师吕敬人说：建筑是空间的语言，书则是语言的建筑。书籍就像是纸上的建筑。当我们在阅读书籍时，翻动着捧在手心的书，随着页码一页一页的翻动，此时就产生了时间上的流动，从封面到书脊再到封底，从环衬到扉页再到内文，在读者的翻阅中，不断地流动着进行空间上的交流。书籍是空间与时间艺术的交融，静动有序，就如同一栋建筑需要通过在其中的活动体验才能体现出这栋建筑最佳居住环境和审美结构的关系。

  现代书籍装帧设计开始更多地站在读者的角度去进行设计思考，而不仅仅是考虑文字与图片如何去做视觉上清楚漂亮的版式处理。现代书籍装帧设计需要从文字内容出发，全力再现书籍的思想内涵，并分析读者的阅读流程和阅读心理，将理性与感性结合进行书籍的整体设计。理性方面，梳理书籍的文本数据、阅读人群以及受众的特征；感性方面，注重不同材料的选择以及不同的文本编排营造的不同视觉感受，主动引导读者的阅读体验，形成多维度、多层次、立体化的互动性整体设计。

  而且，数字书籍的出现，对纸质书籍来说既是压力也是动力。我们需要通过设计，充分彰显纸质书籍区别于数字书籍的独特魅力，并联合电子媒体，从内容出发，不断开发其互动阅读的体验功能，让现代纸质书籍获得新生。

  作为一名多年从事书籍装帧设计教学的专业教师，我立足现代书籍装帧的特点，结合实际教学中容易出现的问题，寻求表现重点，尽心竭力地写好这本书。希望学生能掌握传统纸质书籍装帧的相关知识，能熟悉书籍装帧的印刷和装订工艺，能了解并熟悉各种材料选择对不同书籍内容的表现作用；更希望他们能贴合时代需求，与时俱进，深知作为一名现代书籍装帧设计人自身的责任；希望他们能注重历史传承与文化价值的体现，关注社会，洞悉时代需求，在继承传统的基础上充分调动想象力，发挥个性；对现代书籍装帧设计进行创新，并能对未来书籍装帧的发展态势形成突破甚至引领，让现代书籍装帧设计这门课程在高校艺术教育中绽放光彩。

编　者

# Contents

目 录

# 第 1 章
## 初识现代书籍装帧设计

# 1.1 书籍设计与现代书籍装帧设计

### 1.1.1 书籍设计

书籍设计是一项整体的视觉传达过程。它需要完成两个基础目标：一是用文字和符号以及插图把作者的思想记录下来，并印刷在纸面上；二是将其传达出去。书籍装帧设计是书籍生产过程中的装潢设计工作，又称书籍装帧艺术，是书籍外部造型和内部结构设计的总称，除了完成前面两项基础目标以外，还需要具备保护书籍和装饰美化、宣传推广的功能。如下图所示。

### 1.1.2 现代书籍装帧设计

现代社会，科学技术水平不断提高，人类进入了数字信息时代，在各种新型媒体的产生和刺激下，书籍装帧的观念也在不断更新和发展，书籍装帧进入到了一个崭新且繁荣的时期。书籍设计不仅仅只停留在封面设计和简单清楚的文字排版，还要针对文字内容的精髓进行思考，从读者的角度进行考量，将理性与感性进行结合。理性方面，有整理文本内容、阅读对象、受众特点等；感性方面，有不同纸张和其他装帧材料的选择、画面风格的定位、文字和图片的编排等。充分重视读者的阅读体验，现代书籍装帧已经发展为多维度、多层次、立体的书籍整体设计概念。

具体来说，现代书籍装帧设计是在书籍生产过程中将材料和工艺、思想和艺术、外观和内容、局部和整体等组成和谐、美观的整体艺术；是运用装饰、色彩、图像、字体、材料等元素以及不同的平台来展示书的整体内容，体现书的基本精神和作者的思想，并以艺术感染力帮助读者理解书籍内容，强调读者的阅读体验的艺术形式。

随着世界各国、各民族文化之间的相互渗透，计算机技术的广泛应用，各种新兴材料的诞生以及现代印刷制版和装订技术的革命，现代书籍装帧设计以新的设计理念和新的视觉空间表现呈现了多元化、个性化的特征。如下图所示。

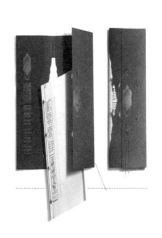

## 1.2 书籍装帧设计的发展

### 1.2.1 中国书籍装帧的历史演进

中国五千年的文明铸就了源远流长的传统文化。书籍装帧艺术在人类社会发展中随着社会变革和技术革命，也经历了奇妙的演化。它与文字、绘画等艺术的发展相互补充，形成了形式和内容的完美统一。

### 甲骨文

最早的书籍，可追溯到远古时代。当人们将文字、符号依附在兽骨、兽皮、青铜、陶器等材料上时，书籍的雏形就出现了。随着社会经济和文化的逐步发展，又经历了大篆、小篆、隶书、草书、楷书、行书等字体的演变，书籍的材质和形式也随之逐渐完善。如下图所示。

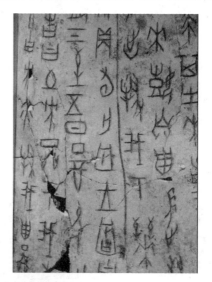

## 玉版

《韩非子·喻老》中有"周有玉版"的说法，又据考古发现，周代已经使用玉版这种高档的材质书写或刻文字了，但由于其材质名贵，用量并不是很多，多为上层社会的用品。

## 竹简木牍

书籍的起源当追溯于竹简和木牍。在纸发明以前，竹、木不仅是最普遍的书写材料，且在中国历史上被采用的时间也较其他材料更为长久。从古代文字及典籍中可看出，竹、木可能是中国最早的书籍材料。"册"字象征着一捆简牍，编以书绳二道。和"册"字相关的"典"字象征册在几上，亦见于商周金文。竹、木加工成统一规格的片状，再放置于火上烘烤，蒸发竹、木中的水分，以防止日久虫蛀和变形，然后在上面书写文字，这就是竹简和木牍。

其中竹简轻巧方便处理，便于书写，所以应用得比较多，常用于长篇大论。而木牍制作比较麻烦，使用得比较少，一般用来书写短文或者传递简要信息。如下图所示。

居延汉简

云梦睡虎地秦简

### 缣帛

缣帛，是丝织品的统称，与今天的书画用绢大致相同。在先秦文献中多次提到了用缣帛作为书写材料的记载，如《字诂》中的"古之素帛，以书长短随事裁绢"。缣帛质轻，易折叠，书写方便，尺寸长短可根据文字的多少，裁成一段，卷成一束，称为"一卷"。缣帛常作为书写材料与简牍同期使用。简牍和缣帛作为书写材料的形式被书史学家认为是真正意义上的书籍。如下图所示。

### 梵夹装

梵夹装是西藏吐蕃时期古藏文书籍的主要装帧形式。最初的梵夹装是用于装订已刻写经文的贝多罗树叶。其过程是依次将贝叶经摞好，在其上、下各夹配一块与贝叶经大小相同的竹片或木板，并在夹板中段打两个圆洞，用绳索两端分别穿入洞内，将绳索结扣。在西藏，一般将纸张书写或雕印的经文效仿贝叶经，用木板相夹，而后以绳索、布带捆扎。这种装帧方式主要用于藏文藏经。如下图所示。

### 卷轴装

卷轴装是由简策卷成一束的装订形式演变而来的。从装帧形式上看，卷轴装主要从卷、轴、襟、带四个部分进行装饰。具体是指将有文字的页面按规格裱接后，使两端粘接于圆形木头或金、玉、牙等其他棒材轴上，将书卷卷在轴上，卷成束的样子。卷轴装的卷首一般都粘接一张纸或丝织品，称之为"襟"，襟不写字，质地坚硬，主要起保护作用。襟头再系以丝带，用以捆缚书卷。丝带末端穿一签，用于捆缚之后固定丝带。阅读时，将长卷打开，阅读完毕，将书卷随轴卷起，用卷首丝带捆缚固定之后，置于插架上。

即使到了现代，当我们在进行书法作品或中国画的装裱时，仍是沿用卷轴装。如下图所示。

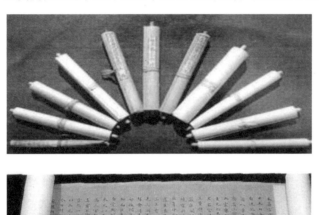

### 经折装

经折装是在卷轴装的形式上改进而来的。随着社会发展和人们对书籍阅读需求的提高，卷轴装的许多弊端逐步暴露出来，已经不能适应新的需求，因为阅读卷轴装书籍的中后部分时也要从头打开，当文字内容太多时就很不方便，而且看完后还要再卷起，十分麻烦。经折装的出现大大方便了阅读，也便于取放。如下图所示。

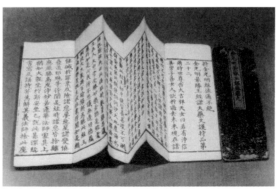

## 旋风装

　　旋风装亦称"旋风叶""龙鳞装"。唐代已有此种形式。旋风装由卷轴装演化而来，它形同卷轴。放在插架上的旋风装书籍，外观上与卷轴装是完全一样的，它与卷轴装的区别只有在展卷阅读时才得以体现。其形式是：长纸作底，首页全裱置于右端卷首，自次页起，向左按照先后顺序逐次相错约1cm的距离，裱贴于底卷上，如鳞状有序排列。旋风装是对卷轴装的改进，是一种向册页装发展的早期过渡形式。如下图所示。

## 蝴蝶装

　　蝴蝶装大约出现在唐末五代，盛行于宋朝和元朝。唐末五代时期，雕版印刷技术已经趋于盛行，印刷数量也非常大，以往的书籍装帧方式已经难以适应飞速发展的印刷业，于是人们发明了蝴蝶装的形式。蝴蝶装是指把书页依照中缝，将印有文字的一面朝里对折起来，再以中缝为准，将全书各页对齐，用糨糊黏附在另一包背纸上，最后裁齐成册的装订形式。蝴蝶装的书籍翻阅起来就像蝴蝶飞舞的翅膀，故称"蝴蝶装"。它只用糨糊粘贴，不用线，却很牢固。如下图所示。

## 包背装

　　包背装又称裹背装，是在蝴蝶装基础上发展而来的装订形式。它与蝴蝶装的主要区别是：对折书页时字面朝外，背面相对，书页呈双页状。早期的包背装，其包背纸与书页的包裹、粘接方法与蝴蝶装相似，其区别仅在于与包背纸粘接的是订口，而不是中缝；后来的包背装则以纸捻穿订代替了先期的粘接，在订口一侧穿以纸捻，订成书册，然后再包粘包背纸。如下图所示。

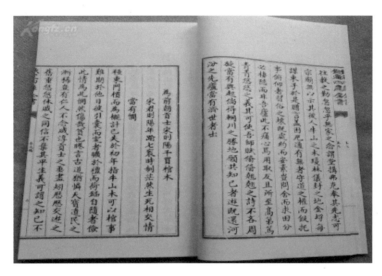

## 线装

　　线装是我国传统书籍艺术演进的最后形式，由蝴蝶装和包背装发展而来。出现于明代中叶，通称"线装书"。其明显特征是装订的书线露在书外。实际上在装订时，纸页折好后须先用纸捻订书身，然后书前后加封面，上下裁切整齐后再打眼穿线。线装一般只打四孔，称为"四眼装"。较大的书，在上下两角各多打一眼，就成为六眼装了。讲究的线装，除封面用绫绢外，还用绫绢包起上下两角，以资保护。线装书装订完成后，多在封面上另贴书笺，显得雅致不凡，格调很高。线装书只宜用软封面，且每册不宜太厚，所以有时候一部线装书得分成数册甚至数十册。

### 1. 线装书的形式

线装书有简装和精装两种形式。

简装书采用纸封面，订法简单，不包角，不勒口，不裱面，不用函套或用简单的函套。如右图所示。

精装书采用布面或绫子、绸等织物被在纸上作封面，订法也较复杂，订口的上下切角用织物包上（称为包角），有勒口、复口（封面的三个勒口边或前口边被衬页粘住），以增加封面的挺括和牢度。当一部书内容较多，被分成数册或数十册时，往往最后还需要用函套或书夹把书册包扎或包装起来。如下图所示。

线装书的订联形式有很多种，即：四目骑线式、太和式、坚角四目式、龟甲式、唐本式、麻叶式和四目式。

唐本式和四目式订联方法基本相同，坚角四目式是在四目式的基础上对书角加固的一种改革形式，以上三种都是常用的订联形式。如下图所示。

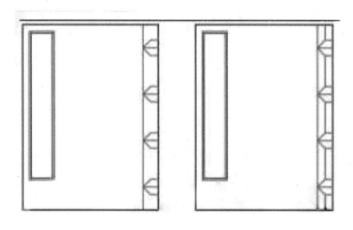

**龟甲式**

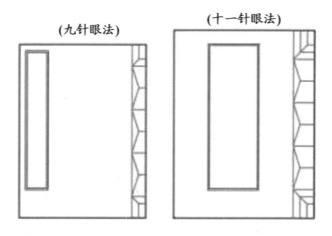

麻叶式

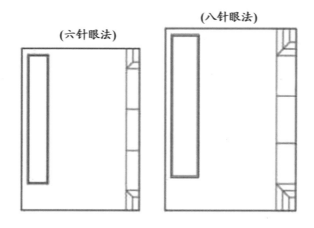

坚角四目式

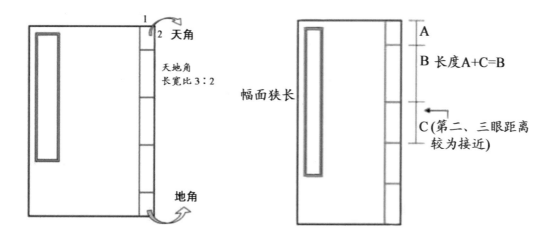

四目缀订式

### 2. 线装书加工工艺

线装书加工工艺分为线装书加工和书函加工两部分。

线装书加工工艺流程如下：理料——折页——配页——检查理齐——压平——齐栏、打眼穿纸钉——粘封面——配本册、切书——包角——复口——打眼穿线订书——粘签条——印书根字。

理料。将印刷页一张一张地揭开、挑选、分类，再逐张按栏脚和图框将其撞理整齐，这种操作叫"捐书"。页张理齐后，用单面切纸机把书页裁切成所需的大小。

折页。线装书折页是以中缝前口为标准，将单面印的书页的白面向里，图文朝外对折，折缝就是前口，一般书页折缝处印有"鱼尾"标记，作为中缝折叠标记，称为"黑口子折"，把版框作为中缝折页的标准线的，称为"白口子折"。折页后书帖栏线整齐，鱼尾栏宽度一致，折缝压实无卷帖。

配页。线装书的配页操作与平装书的配页基本相同，线装书页薄，纸质软，除用一般平订的拣配方法外，还常用撒配。

撒配。按页码顺序将同一页码的书帖排列成梯形后，将其叠放在一起，然后从一头抽出书帖，就是一本配好的书册。配好后的书册版面排列整齐，无错帖、无卷帖，撞理整齐。

齐栏。将理齐后的书页散开成扇形状，并逐张将书页前口折缝上的鱼尾栏理整齐的操作称为齐栏。齐栏前应先将书帖前四折边刮平服整齐，防止齐栏时书页拱翘。齐栏后的书册，栏线垂直、不乱栏、顺序正确。

打眼穿纸针。配页齐栏后的书册，经理齐检查无误后，进行打眼穿纸针，以保证书页不移动，并栏线整齐。

纸针眼打两个，上下位置在书册长各3/3处，距书脊6～9mm。打眼垂直、无扎裂、扎豁书册，针眼直径以能入针穿线为准。

纸打用料与所订书册纸质相同，并用竖纹。纸针要挺括、牢固、直径与针眼相符合。

切书。将粘好封面、封底并配好页的整套书册沿口子撞齐，放到三面切书机的切书台上，对准上下规矩线切书。切好的书册应刀口光滑、平整美观，压书的力量应适当，以免裁切后本册表面出现压痕。

包角。为保护书角，使其不散、不折、坚固耐用，在穿线前将书背上下两角用缤或绢包住称为包角。包角的位置在书册最上和最下第一针眼处，并与线痕、切口呈垂直状。包角用料为细软织品，用适当黏剂，折角整齐，包角平整牢固、自然干燥。

复口。将封面三边（或前口一边）的勒口与衬页粘接，将勒口盖住，以增加封面的挺括和牢固性，保持外观的整齐。

穿线订书。线针眼一般为四个，上下位置根据订缝形式定，与书脊距离为13～18mm。

用线为60或42支纱6股蜡光白线或相同规格的丝、麻线穿过眼孔，将书页订牢。

穿线用双线，依不同的穿线方法，入线要正确，拉线紧度适当。书册穿线后平整牢固，双股线并列排齐，无扭线、交叉、重叠、分离线，线结不外露。

贴签条。在封面上贴书名签，签条的位置对书籍的造型也有一定的影响，一般是粘在封面的左上角，离天头和前口各8~12mm。

印书根。线装书通常是平放在书架上，为了便于查找，还要在地脚的右边印上书名和卷次。

这里附一个常用的四眼订线法图例。如下图所示。

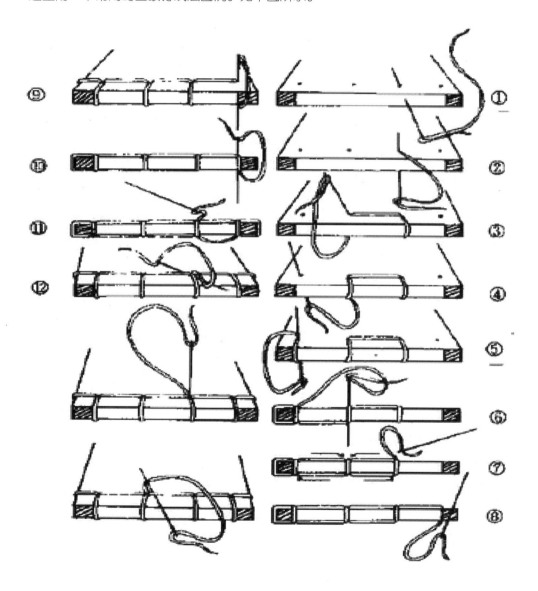

四眼订线法针法

### 1.2.2 外国书籍装帧的历史演进

世界各国装帧艺术的发展既有共同点，又有其各自的特殊表现。其共同点是书籍装帧艺术都是依附于书籍本身的内容。而书籍的出现，又依赖于文字、纸张和印刷术的发明。一般认为，最早的文字，是由苏美尔人和腓尼基人在公元前4000年左右创造的由22个字母组成的楔形文字。总的来说，西方国家的书籍装帧的发展经历了这样几个阶段。

#### 原始书籍设计阶段

公元前3000年左右，埃及人发明了象形文字，他们用修剪过的芦苇笔把文字写在尼罗河流域湿地生产的莎草纸上。后期又出现蜡书、羊皮书，羊皮纸比莎草纸要薄而且结实得多，能够折叠，并可两面记载，羊皮书开始具有册页装的特征，是这个阶段具有代表性的原始书籍形式。公元3世纪和公元4世纪时，册籍形式的书得到普及。如下图所示。

## 古代书籍设计阶段

纪元初年的欧洲，修道院是拉丁文化和书面文化的聚集地，僧侣们传抄的作品多为宗教文学，哥特式一类的宗教手抄本书籍产生，如《圣经》、祈祷书、福音书等。

公元6世纪左右，鹅毛笔开始代替之前的芦苇笔成为新的普及的书写工具。这时候的手抄本开始出现大量的插图，具体形式有三类：一是花式首写字母；二是围绕文本的框饰；三是单幅的插图。与此同时，书籍的装帧艺术也得到了发展。书籍的封面多用皮革制成，起着保护和装饰的作用，有时还加以金属的角铁、搭扣，使之更加坚固。如下图所示。

公元13世纪左右，中国造纸技术和印刷技术传入，促进了新的印刷技术的诞生。德国的美因茨地区，一位名叫古登堡的人发明了金属活字版印刷术，《四十二行圣经》又名《古登堡圣经》《马查林圣经》，是世界最早的《圣经》印本，也是第一本因每页的行数得名的印刷书籍。在其之后还出现了平装本、袖珍本书籍，王室传统的特装书籍，以及公元16世纪的精装本形式的书籍。如下图所示。

### 现代书籍设计阶段

公元16世纪至公元17世纪，是欧洲纷乱多事的年代，但是书籍的形式却在不断发展与革新。现代书籍的特征开始慢慢明显起来。标题页变得越来越重要，扉页开始出现，正文的版面开始出现创新编排方式。插图数量越来越多，插图的绘画风格也开始朝着个性化的方向发展，书籍装帧艺术的风格也在不断发生变化。

这个时期，词典和百科全书，其创新的文本结构为所有人提供了便于阅读和理解各种知识的机会。如下图所示。

16世纪的百科全书

公元19世纪末20世纪初"现代美术运动"在西方设计领域的兴起，标志着外国书籍设计已经进入现代设计阶段（以英国莫里斯、德国格罗佩斯为代表）。

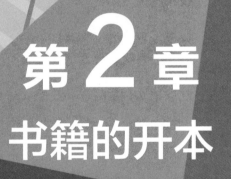

第 **2** 章

书籍的开本

## 2.1 常用纸张的开法

开本是指一本书的大小，也就是书的面积。通常把一张按国家标准分切好的平板原纸称为全开纸。在以不浪费纸张、便于印刷和装订生产作业的前提下，把全开纸裁切成面积相等的若干小张称之为多少开数；将它们装订成册，则称为多少开本。如下图所示。

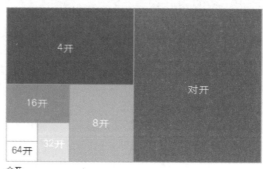

常用印刷原纸一般分为卷筒纸和平板纸两种。

根据国家标准（GB147—89）卷筒纸的宽度尺寸为（单位：mm）：

1575  1562  1400  1092  1280  1000  1230  900  880  787

平板纸幅面尺寸为（单位：mm）：

1000M×1400　880×1230M　1000×1400M　787×1092M

900×1280M　880M×1230　900M×1280　787M×1092

其中：M表示纸的纵向

允许偏差：卷筒纸宽度偏差为±3mm

平板纸幅面尺寸偏差为±3mm

所谓的正度纸是原国内标准，规格为787mm×1092mm。大度纸是国际纸张规格，889mm×1193mm。国际标准没有多少开的说法。

目前我国纸张生产已经统一为国际规格，称为A类纸，原国内标准生产的纸张称为B类纸。纸张裁剪后的规格变成A0、A1、A2、A3、A4等，B类纸相应的称为B0、B1、B2、B3、B4、B5。例如：32开相当于B5。

未经裁切的纸称为全开纸，将全开纸对折裁切后的幅面称为对开或半开；把对开纸再对折裁切后的幅面称为四开；把四开纸再对折裁切后的幅面称为八开……通常纸张除了按2的倍数裁切外，还可按实际需要的尺寸裁切。当纸张不按2的倍数裁切时，其按各小张横竖方向的开纸法又可分为正开法和叉开法两种。

正开法是指全张纸按单一方向进行裁切的开法，即一律竖开或者一律横开的方法，如下图所示。

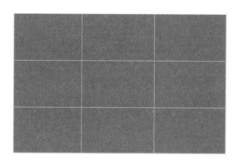

叉开法是指将全开纸横竖搭配进行裁切的开法，如下图所示。叉开法通常用在正开法裁纸有困难的情况下。

除以上介绍的正开法和叉开法两种开纸法，还有一种混合开纸法，又称套开法或不规则开纸法，即将全张纸裁切成两种以上幅面尺寸的小纸，其优点是能充分利用纸张的幅面，如下图所示。混合开纸法非常灵活，能根据用户的需要任意搭配，没有固定的方式。

## 2.2 图书的开本选择

### 2.2.1 书籍开本规格

**大型本**

12开以上的开本。适用于图表较多篇幅较大的厚部头著作或期刊印刷。

### 中型本

16～32开的所有开本。这种规格通常属于一般开本，适用范围较广，各类书籍印刷均可应用。

### 小型本

适用于手册、工具书、通俗读物或短篇文献，如40开、44开、46开、50开、60开等。

在实际操作中，因为设计需求或全度纸的尺寸不同又或因为各印刷设备的技术条件不一样，书籍开本会有略大和略小的情况。同一种开本也会有不同的形状，有的偏长，有的偏方，如方长开本、正偏开本、横竖开本等。

## 2.2.2 书籍开本选择

### 根据书籍性质种类选择

对于学术理论著作和经典著作、大型工具书等有文化价值的书，选择的开本要适中，常采用32开(正度纸184mm×130mm)或者大32开，这种开本在案头翻阅时比较方便；对于诗歌、散文等抒情意味的书，则可以选择相对小一些的开本，如36开、42开，而且会选择比较瘦长的开本造型，这样会使书籍显得清新秀丽。常采用小型开本的图书有：儿童读物、小型工具书、连环画等。

### 根据书籍的图文容量选择

图文容量较大的图书，如科技类图书、高等院校教材，其容量大、图表多，一般采用A4或16开的大中型开本。对于篇幅少、图文容量较小的图书，如通俗读物、儿童故事等，多采用中小型开本，如32开或大32开。现代中小学的教材，因为内容相对比较多，还要照顾孩子的视力发育需要，通常采用较大的开本，如16开。高等院校的教材通常采用16开本，但是近年来也有改成大32开本的。

### 根据图书的用途选择

画册、图片、鉴赏类、藏本类图书因在编排印刷时要将大小横竖不同的作品安排得当，又要充分利用纸张，所以多采用大中型且近似正方形的开本，如6开、12开、20开、24开。如果是中国画，还要考虑其独特的狭长幅面而采用长方形开本；阅读类图书多采用中型开本，如32开；便携类图书如旅游手册、小字典等可随身携带的书籍多采用小型开本，如64开。

### 根据阅读对象选择

老年读物要考虑老年人视力较差的特点，书籍中的文字要大些，开本也要大些更好；儿童读物通常认为应较多采用小开本，比较轻，适合儿童年幼力弱的特点或者采用异形开本以充分调动儿童的阅读兴趣。不过现代的儿童书籍为了让页面内容更丰富更有表现力，而儿童的视力不适合太小的文字和图画，也会采用较大的开本，例如大16开。

# 常见纸张开切和图书开本尺寸（单位：mm）

纸张开切：

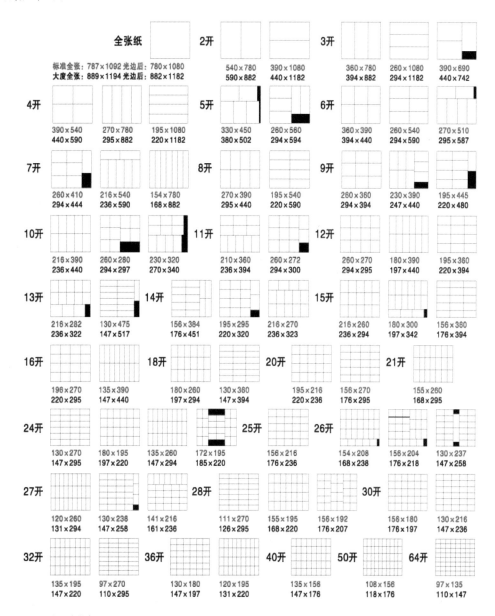

图书开本（净）

16开：$135\times195$　18开：$168\times252$　20开：$184\times209$　24开：$168\times183$

32开：$130\times184$　36开：$126\times172$　64开：$92\times126$　长32开：（$787\times960\times1/32$）=$113\times184$

大16开：（$889\times1194\times1/16$）=$113\times184$　大32开：（$850\times1168\times1/32$）=$140\times203$

注：所有开张尺寸均为纸张上机尺寸

# 第3章

# 现代书籍的装帧分类
# 以及构成要素

# 3.1 现代书籍的装帧分类

## 3.1.1 精装

精装书籍是书籍装帧出版中比较讲究的形式，具有精美耐用的特点，一般用于经典名著及经常翻阅的工具书等较高档的书籍。精装书封面通常以硬纸板为内里材料，外面用纸张裱糊做书皮，也可用其他各种材料代替纸张，如亚麻布、漆布、丝绸、棉纺、绢丝纺、皮革等。除了封面，精装书的书脊处理也比较考究，在制作时多层次、多步骤地加强对书芯的保护。如下图所示。

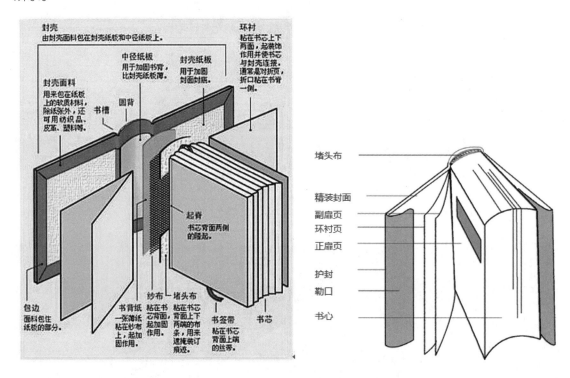

**精装书籍根据封面制作的不同具有的三种表现形式**

### 1. 全纸面精装

书籍的面封、书脊和封底均采用纸张和纸板制作。

### 2. 纸面布背精装

书壳的书脊部分使用的材料为布料或其他织物，书壳的面封和封底使用的材料为纸板或纸张。

### 3.全面料精装

书壳的面封、书脊和封底均采用布料或其他织物、皮料等面料和纸板制作。其结构与全纸面精装书相同，但一般在书籍封面外包有护封，它的实际封面因为印刷和加工难度的原因不起宣传作用，主要的宣传作用是由护封来完成的。

以上三种形式的精装书籍的书脊有圆背和平背两种，通常采用锁线订、无线胶黏订、锁线胶黏订及塑料线烫订的装订方式。平背书脊不宜太厚，一般适用于20mm以内的书籍；较厚的书籍更适合于采用圆背书脊。如下图所示。

精装书的封面通常比书芯略大2~4mm，其大出的部分为飘口，它可以起到保护书芯、使书籍显得美观大方的作用。

书册被装订的一边称订口，另外三边称切口。不带勒口的精装封面在设计时要注意在三边切口处应各留出3mm的出血边，以供印刷装订后裁切光边之用。如下图所示。

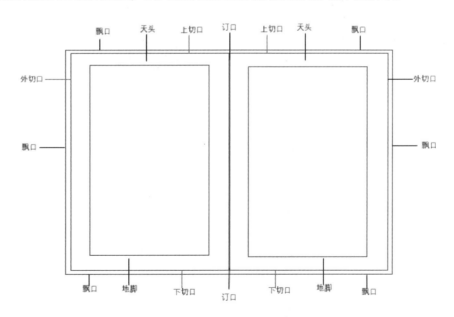

## 书函

书函也称函套，根据书的大小、厚度而制。大多用于丛书或多卷集书，对于比较精致或考究的单本书籍也可用书函。它在结构上可脱离于书籍本身而存在，具有进一步保护和装饰书籍的功能，并且还有便于携带和收藏的特点。

现代精装书的书函一般有三种形式。

开口书函：用纸板五面订合，一面开口，当书册装入时正好露出书脊，有些书在开口处挖出半圆形缺口，以便于手指伸入取书。如下图所示。

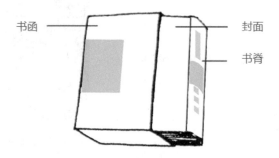

半包式书函：四面包裹，露出书的上下口。如下图所示。

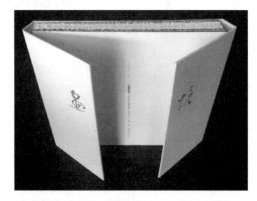

全包式书函：将书的六面全部包裹。如下图所示。

　　书函往往是书籍装帧设计中，外部结构装帧形式的重要体现，和包装设计有密不可分的关系，可以在这个部分体现包装中的各种材料和结构设计运用，也可以体现现代书籍装帧设计的独特创意，在结合书籍内涵的基础上，形成设计突破和个性的一个首要环节。如下图所示。

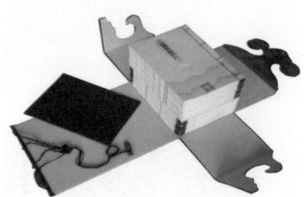

### 护封和腰封

护封是书籍封面外的包封纸，高度与书相等，长度需要包裹前封、书脊和后封，左右两端留5～10cm的折页形成勒口。护封上印有书名、作者、出版社名和装饰图画，作用有两个：一是保护书籍不易被损坏；二是可以装饰书籍，以提高其档次。如下图所示。

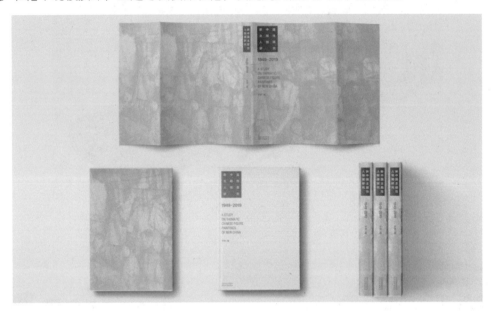

腰封也称"书腰纸"，是由护封演化而来的一种形式，是包裹在图书封面中部的一条纸带，属于外部装饰物。腰封一般用牢度较强的纸张制作。包裹在书籍封面的腰部，其宽度约为该书封面宽度的1/3。如下图所示。

值得一提的是，护封和腰封并不是精装的专属。过去，因为精装书籍的封面材料使用了布料或皮料，这些材料上面因为技术原因，不方便进行太多彩色插图的印制，而为了更好地装饰和补充封面内容的表现不足，乃至达到更好的广告宣传作用，通常会在精装封面外面附一张可自由脱离的带勒口的护封或者附一个腰封。但是随着时代的发展，软精装和平装书籍为了更好地保护书籍和更多层次地达到宣传广告作用，对护封和腰封的应用也越来越多。

## 3.1.2　平装

平装也称简装，是指根据印刷的特点，先将大幅面页张折叠成帖，配成册，包上封面后切去三面毛边，就成为一本可以阅读的书籍。与精装书相比，平装书所用材料比较普通，常采用一般的印刷用纸和印刷工艺，因此价格相对比较便宜。不过随着现代书籍设计的发展，平装书籍也在视觉表现上有了更多的追求。主要有两种表现形式：普通平装和带勒口的平装。

普通平装

封面不带勒口，书籍由封面、扉页、目录页、版权页、序言页和书芯构成，封面形式和书籍结构都相对比较简单。如下图所示。

### 带勒口的平装

封面和封底均有勒口。书籍主要由封面、环衬、扉页、目录页、版权页、序言页、插页（如果有需求）和书芯构成，封面形式和书籍结构都比较讲究。如下图所示。

平装书一般采用骑马订、平订、锁线订、无线胶黏订及塑料线烫订。现代的平装书为了达到更好的保护功能和追求更好的使用感受，封面上几乎都要覆膜或上光处理，有的还会进行凹凸压印、烫印、模切镂空处理等。

## 3.1.3 假精装

假精装是指用较厚的硬卡纸作封面，卡纸上面通常没有插图和文字，在硬卡纸外面附包一层带勒口的护封，形成介于精、平装之间的"软"精装形态，又称"半精装"。这种书封面硬度、挺括程度都超过一般平装书。目前软精装的装帧特点也能为我们的设计提供更多的创造空间。如下图所示。

## 3.2 现代书籍装帧的基本结构

### 3.2.1 封面

广义的封面是指包在书籍外部的整体，包括封面（也可称前封）、封底、书脊、勒口、腰封、书函等部分，是对书籍护封的总称。

狭义的封面就是指封面（也可称前封）、书脊、封底，如果是带勒口，封面也包括勒口。如下图所示。

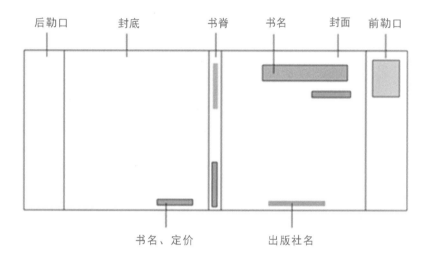

**封面**

本书讲的封面是狭义的书籍封面。封面设计包含四个要素：材料、文字、图形和色彩。

**1. 材料**

封面制作所采用的材料一般比内页纸厚，这是封面的保护功能决定的。封面材料一般采用铜版纸，以及各种较厚的特种纸。32开平装书籍的封面或精装书的护封一般采用157克以上的铜版纸。16开的平装书籍或精装书的护封为了使书籍封面显得硬挺，可以使用200克左右的铜版纸。还可在印好的封面上覆膜。

**2. 文字**

文字是书籍内容的载体，是读者了解书籍内容的钥匙。书名、作者名、出版社名是书籍封面不可缺少的重要内容，这是由封面的功能性决定的。有些书籍还要在前封上印上丛书名、书名副题，甚至在后封上还可印刷内容摘要。封面的文字要有主次之分，一般要突出书名，其次是作者名、出版社名。如因设计原因，在前封上没有出现出版社名，在书脊上则一定要有。如下图所示。

### 3. 图形

封面的图案创意是封面设计的关键。设计者可以使用具象图形、抽象图形、装饰图形、漫画图形等直接描绘或采用比喻、象征等手法间接表达书籍的内容。如下图所示。

（1）具象图形即形象的写实图形，它采用写实的摄影和绘画手段、富于感情色彩的表现手法，来表现书籍的特点和内容，使读者通过具体的形象，充分理解书的主题内容，引起共鸣。电脑技术的应用使图片的表现形式更为丰富。

（2）装饰图形是指通过采用装饰的造型、色彩，把物象的形象加以变化、美化、修饰，使其产生优美的视觉效果来吸引读者的图形。

（3）漫画图形是指以轻松、幽默的手法把图形形象作趣味性的夸张而得到的图形，这种表现形式具有亲切感，能增强读者的阅读兴趣。

（4）抽象图形是指采用非写实的视觉语言的图形。用抽象图形来表现书籍内容，常采用以点线面来构成的几何图形和偶然图形等。

### 4. 色彩

色彩是封面设计的重要因素之一。在色彩的配置中要注意处理好各种色彩的关系，要使主色调占有较大的比重，其他色彩与主色调形成协调、呼应、对比的关系，其比重不能超过主色调。合理的色彩表现和艺术处理，能产生夺目的视觉效果。

书籍封面设计中对色彩的运用要根据内容的需要，用不同色彩的对比效果来表达不同的内容和思想。在对比中求统一协调，以间色互相配置为宜，使对比色统一于协调之中。书名的色彩运用在封面上要有一定的分量，以产生显著夺目的效果。如下图所示。

一般来说，针对婴幼儿的刊物封面色彩的运用，要充分考虑这个年龄段的婴幼儿的眼睛比较稚嫩，不能受到太强烈色彩的冲击，针对幼婴儿娇嫩、单纯、天真、可爱的特点，色调往往处理成高调、纯度不要太高、减弱各种对比的力度、强调柔和的感觉。

儿童读物的封面色彩则可以迎合儿童开始对色彩发生兴趣，最吸引他们的是纯度较高、色彩对比明朗、色彩丰富的色彩关系的特点，在设计的时候尽量避免过于单一、色调偏灰的色彩处理。

老年人刊物封面色彩的运用要考虑老年人视力较差，色彩太花影响阅读等特点适当配置色彩。

女性书刊封面的色调可以根据女性的特征，选择温柔、妩媚、典雅、浪漫等富有个性或具有时尚气息的色彩系列。

体育期刊封面的色彩则强调刺激、对比，追求色彩的冲击力。

科普书刊封面的色彩可以强调理性或神秘感。

专业性学术期刊封面的色彩要端庄、严肃、高雅，体现权威感。

总的来讲，封面上要有适度的明度、纯度和色相对比，没有明度对比就会感到沉闷而透不过气；没有纯度对比，就会使人感到缺少层次感，没有色相对比就会使人感到平淡缺少生气，只有在封面色彩设计中把握好明度、纯度、色相的协调关系，才能对书籍内容作出更合适的表达。

## 封底

封底，又称底封。相对于前封的信息，封底上的信息显得次要一些，字号比前封小，但整体要与封面、书脊的设计风格相协调。

图书在封底的右下方印书号和定价，如果是期刊，则可以在封底印版权页，或印上目录及其他非正文部分的文字、图片。

封底可以放置系列丛书名、责任编辑、装帧设计者名及相关的图形，但现在很多书籍设计为了更好地体现各个结构不同的功能性，这部分内容都放在版权页里，而封面不再放置这些内容了，使封底的表现更纯粹。如下图所示。

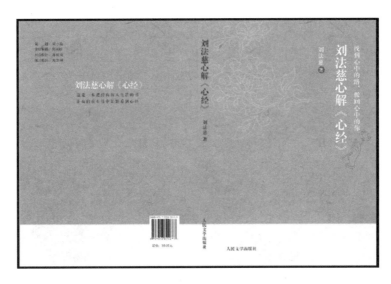

书脊

　　书脊是指连接书刊封面、封底的部分，它的宽度基本上相当于书芯厚度。通常书籍都会有书脊，而采用骑马订的期刊没有书脊。从一本书的功能与视觉传达的角度来看，都应该重视书脊的设计。书脊可以传达书籍的必要信息，使读者在面对书架上众多繁杂的书时能快速寻到自己想要的图书。

　　书脊是书籍的一部分，它的设计风格要与封面和封底的设计风格相呼应。要使读者可以通过书脊识别书籍的名称、册次、作者名、出版社名，具有强烈视觉冲击力和个性感的书脊更能吸引读者的兴趣。如下图所示。

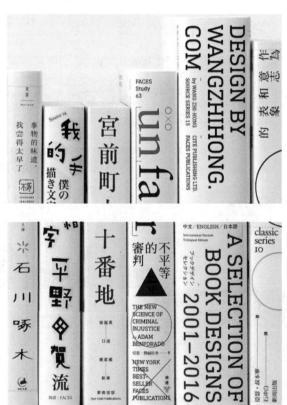

## 勒口

比较考究的平装书，一般会在前封和后封的外切口处，留有一定尺寸的封面纸向里转折5～10cm，前封翻口处为前勒口，后封翻口处为后勒口。勒口上可以印有作者的简历以及其肖像、内容简介、作者的其他著作名称或丛书名，这便于读者了解书的内容及其他相关信息。但随着时代的发展，书籍各个结构的功能被区分和细化，这些内容更多的是放在衬页（根据需要可以设置，但不是必须的）和版权页上，而勒口越来越多地被强调用来保护和装饰，前封的设计因素可延伸到前勒口上。

后勒口的设计风格要与前勒口的风格保持一致，其底图与色调可以是封面或者封底的设计风格的延伸，要做到简洁明了，使其统一于书籍的整体氛围中。如下图所示。

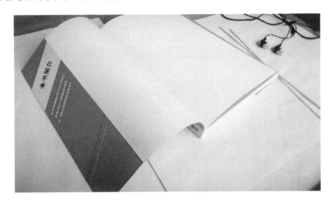

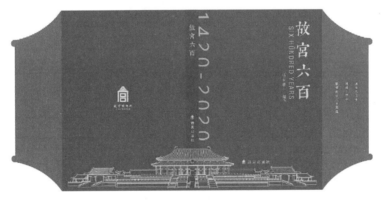

### 3.2.2 环衬页

在封面与书芯之间，位于扉页的前面，有一张对折双连页纸，它一面粘贴在书芯的订口，一面粘贴在封面的背后，这张纸被称为环衬页，也叫作蝴蝶页。我们把在书芯前的环衬页叫作前环衬，在书芯后的环衬页叫作后环衬。环衬页把书芯和封面连接起来，使书籍具有较大的牢固性，而且还有保护书籍的功能。

与封面相比，环衬的美是以含蓄取胜。在环衬页上最好不要出现文字介绍，即便出现文字，文字也只是以一种装饰性的视角出现的。其设计往往采用以空带实、以静带动的形式，与封面之间构成"虚实相生"的对比关系。环衬应与护封、封面、扉页、正文等的设计风格相协调，并具有节奏感。

对于一般的书籍，前环衬和后环衬的设计是相同的，即二者画面的信息和色彩都是一样的，环衬的简约风格可以给读者在阅读的过程中从视觉上带来轻松与美的享受。如下图所示。

### 3.2.3 扉页

广义的扉页包括空白页、卷首插页、序言页、正扉页、版权页、赠献题词等。扉页的设计要根据书籍的内容特点和装帧的需要而定。扉页要尽量简练，使其能够对整本书的设计风格起到较好的衬托作用。

狭义的扉页（又称里封面或副封面）是指正扉页，即在书籍封面或环衬页之后、在书籍的目录或前言前面的一页。它的背面可以是空白，也可以印有书籍的版权记录，一般以文字为主，也可以适当地加图案装饰点缀。在正扉页上一般印有书名、作者或译者姓名、出版社和出版的年月等内容，设计风格可以与封面保持一致，也可以与封面略有不同，整体视觉感受要弱于封面，所以也被称为"里封面"或"副封面"。总体来讲，正扉页也具有装饰作用，可以增强书籍的美观性。

扉页上的字体不宜太大，可与封面的字体保持一致，但和封面相比稍平和淡雅，以保证封面、书芯的节奏关系以及封面、书芯的和谐关系，设计要求简练、概括、大方，书名文字明显、突出，其他信息的字体、字号得当，位置有序。

正扉页通常出现在右边单页，但可以和左边联合一起形成整体设计，当左边页面有设计内容时，要注意应弱于右边的正扉页的表达，以右边为主。如下图所示。

### 3.2.4 版权页

版权页一般排在正扉页的反面，或者正文后面的空白页反面。对于期刊来说，一般在目录页或目录页之后。文字处于版权页下方和书口方面为多。版权页上，书名文字字体略大，其余文字分类排列，有的设计运用线条分栏和装饰用，起着美化画面的作用。版权页上一般包括书名、丛书名、编者、著者、译者、出版者、印刷者、版次、印次、开本、出版时间、印数、字数、国家统一书号、图书在版编目（CIP）数据等内容，是国家出版主管部门检查出版计划情况的统计资料，具有法律意义。版权页的版式没有定式，大多数图书版权页的字号小于正文字号，版面设计力求简洁。如下图所示。

## 3.2.5 目录页

目录页是全书内容的纲领，它摘录全书各章节标题，呈现了全书的结构层次，以便于读者检索。目录页通常安排在正文之前、序文之后。

目录中标题表达必须分清层次和条理，当层次较多时，可用不同字体、字号、色彩及逐级缩格的方法来加以区别。

目录页的字体、字号应和正文相协调，除篇、部级标题，一般用字不宜大于正文，必要时可考虑变化字体。章、节、项的排列要有层次。

各类标题字体、字号须顺次由大到小、由重到轻、由宽到窄，区别对待，逐级缩格排版，要做到条理分明，避免千篇一律。

现代书籍装帧设计中，目录页上通常也需要设置相关的装饰图形或图案，让目录页避免枯燥，多一些生动和美感。如下图所示。

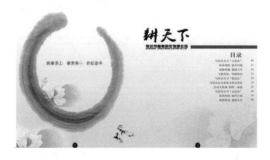

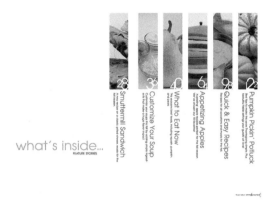

## 3.2.6 序言页

序言又称"序"或"叙"，也称"引"，是说明书籍著述或出版旨意、编写经过、编次体例或作者情况等内容的文章，也包括对作者的评论和对有关问题的研究阐明。古代多列于书末，称"跋"，也叫作"后序"。二者体例略同，因此合称序跋文。在现代书籍装帧设计中，序言页在装饰和版式设计上的考究也是可以形成视觉上的新颖感和美感的，不过序言页上的装饰不能过强，需要恰到好处。如下图所示。

### 3.2.7 版心

版心亦称版口、书口。一直以来，版心通常有两种表现情况。一种指线装书书页正中的折页部位，一般刻有书名、卷数、页码等；另一种指图书每一版面上的文字、图形部分，容纳章、节标题，文字、图表、公式以及附录、索引等全书组成的部分。因为历史的发展，书籍形态的更新，现在说的版心更多的是指第二种。版心在版面上所占幅面的大小，其内容的设计，对书籍整体版式的美观起着很大的作用。

版面设计的形式也大致分为两种：有版心设计和无版心设计。

有版心设计：即传统版面设计，是由白边与版心组成的。文字、插图、页码、书眉等元素均要受到版心的约束。如下图所示。

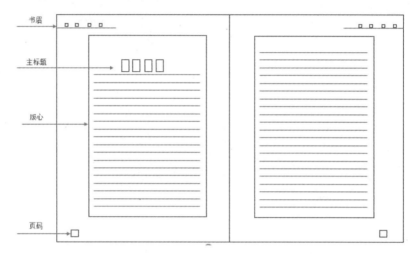

无版心设计：也称满版设计，是一种没有固定白边，文字与插图不受版心约束，在版面中可以根据构图需要自由设计的形式，多用于儿童读物、画册、摄影书籍等。如下图所示。

因阅读距离而产生的视域是有限度的，正常人最佳宽度在10cm左右，可容纳正常字距的5号汉字27个左右，4号汉字20个左右。一般32开本14cm×20.3cm，版心为10cm×15.5～16cm，正文以文字为主，常用通栏文字。16开本18.5cm×26cm，版心为15cm×21cm，如正文用通栏行宽过宽，则需要考虑分栏。

不同开本的版心规格各不相同，设计者可根据书籍内容及容量来确定版心规格。普通书籍正文排版一般采用五号字( 即10.5Pt )。理论、科技、教育及小说、期刊多用宋体；某些文艺类书籍用仿宋体；低幼读物、小学课本一般用大于四号字的楷体；字典或其他工具书因文字容量大，则通常用较小的新五号、六号宋体等。如下图所示。

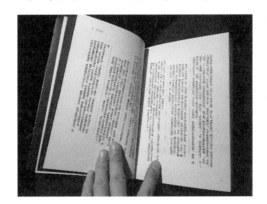
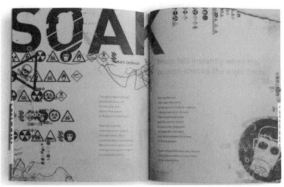

在版心部分，最主要的设计元素包含以下几种。

## 正文

正文从书籍对开页的右边页开始，是构成版心的最主要的内容。在进行正文文稿的排版时，对于多标题的文字内容，一般可采用不同的字体或变换字号的方法来分层次，习惯上的字体排号是按照由大到小、由重到轻的顺序，交替使用。对于同一等级的标题要使用相同的字体、序号。文字与文字之间的字距与行距，是设计者特别需要注意之处，要既方便阅读，又合理利用纸张空间。字距太小，文字太密，则容易产生视觉疲劳，对视力造成不良影响；行距太小，则容易在看书的过程中产生跳行的现象。字距和行距太大，都会影响阅读的连贯和流畅，同时也会大大提升书籍印刷成本。如下图所示。

## 辅文

辅文是相对于正文而言的，是指在图书内容中起辅助说明作用或辅助参考作用的内容，如内容提要、序言、前言、目次、补遗、附录、注文、参考文献、索引、后记等。如下图所示。

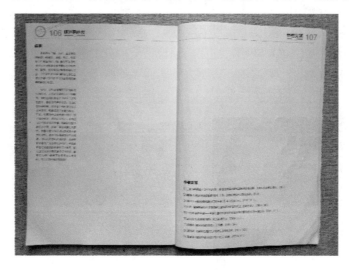

## 页码

页码，即记载版面顺序的数字号码，一般由正文的第一页开始，编至全书最后一页。如果前面的目录内容过多，也可以单独编写页码，但到了正文又重新从第一页开始编写。页码设置通常在靠近切口的上角、下脚，也可放置在横向或纵向切口中间处。通常空白页、插图超版心范围的版面不排页码，但要计算页码，所以称之为"暗码"。如下图所示。

## 书眉

书眉是指印在版心以外的书名或章、节名。横排页的书眉一般位于书页上方。单码页上的书眉排节名，双码页排章名或书名。校对中，单双页码如有变动时，书眉亦应作相应的变动。插图、列表若未超过版口，则应排书眉，若超过版口(不论横超、直超)，则一律不排书眉。如下图所示。

### 3.2.8 篇章页

　　篇章页又叫辑页、中扉页、隔页，是一种总结性的概括页面，包括了文章的主题内容和相关信息。有些书分为若干部分，称为编（篇）、辑或章等，从中用单页或用有颜色的纸张隔开，即排列在各部分的首页位置，即篇章页。它通常印有序数或篇章名称，有时候还可以有少量内容介绍，可进行装饰性点缀，背面是白页，一般用暗码计。如下图所示。

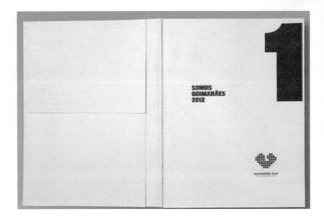

## 3.3　插图的运用与处理

插图是一种独特的视觉艺术形式，也是现代书籍装帧中非常重要的一个部分，能起到活跃书籍内容的作用。一本书，要成为一个形神兼备的生命体，单纯依靠各种文字的表达是远远不够的。插图具有文字所不具备的特殊魅力，能对文字进行视觉化的翻译，用它灵动的视觉呈现效果，给读者带来多感官元素的冲击以及丰富的想象空间。正如鲁迅先生所说："书籍的插图，原意是在装饰书籍，增加读者的兴趣，但那力量，能补助文学所不及。"

### 3.3.1　插图的绘制种类

根据制作工具的不同，插图主要有手绘、电脑绘制、摄影、版画（木版、石版、铜版等）四种类型。

**手绘**

手绘插图以其人性化、较强亲和力等优点，越来越受到人们的重视和喜爱。一幅成功的手绘插图作品，往往亲切自然，创意新颖、颜色搭配合理，能够吸引人们的注意力，同时能和书籍的内容相联系，可以起到画龙点睛、烘托整体阅读氛围的作用。

相对于电脑制作插图而言，手绘插图的视觉效果往往更柔和、更富有艺术感染力，更能营造出一种个性化与人性化的气氛。如下图所示。

**电脑绘制**

图像类软件具有非常强大的图像处理功能，能按照需要便捷地处理和修整图像，或者还可以把图片扫描进电脑，再进一步处理成所要达到的视觉效果；图形类软件可以让你方便快捷地绘制出具有理想的艺术效果的图形。电脑绘画与制作的使用能使画面更精致，而且一些传统手法无法表现出来的效果也可以被随心所欲地表现出来，从而极大地提高插图艺术的表现力，因而越来越多地得到应用。如下图所示。

**摄影**

摄影是插图中一种具有强大视觉感染力的形式，在目前书籍装帧中的运用较为常见。摄影艺术是以光线、影调、线条和色调等因素构成造型语言，来客观地描绘色彩缤纷的世界、构筑摄影艺术的美。摄影图片在书籍装帧插图中的运用，有两种形式：直白表现和经过电脑的处理后表现。

直白表现是指摄影图片原封不动地被运用在书籍中，对其色彩与造型不加任何改变。这种手法可以给人以真实、自然的感觉，但是也有可能会因过于真实而显得画面内容过多，主题不够突出，或者呆板，缺少生气与变化。所以许多设计者都在尝试改变这种情况，力图综合利用电脑的图形、图像处理软件提供的丰富表现手段，在对摄影图片的处理中渲染与制造出具有各种新颖独特的形式意味的效果，消除单纯摄影图片带来的各种不足。如下图所示。

**版画**

版画是视觉艺术中的一个重要的绘画门类，包括木刻、铜刻、石印和套色漏印等类别。它所具有的独特的刀味与木味等特点使它在中国文化艺术史上占有独特的艺术价值与地位。20世纪30年代由鲁迅发起的新兴木刻版画运动，使传统的木刻版画焕发了新的生命力。当代版画则主要指由版画家构思创作并通过制版和印刷程序而产生的艺术作品，具体说是以刀或化学药品等在木、石、麻胶、铜、锌等版面上雕刻或蚀刻后印刷出来的图画。由于版画选题通常关注社会现实问题、创作技法通俗易懂、艺术感染力强烈，它在我国一直受到广大人民群众的喜爱。如下图所示。

## 3.3.2 插图的表现形式

### 独幅插图

独幅插图即翻开书页，书呈现对开页状态时，一面为文字，另一面为插图。这种版式设计强调文字与插图的均衡。值得注意的是，因为文字是按版心的规定统一编排的，所以插图的大小及位置，都要根据版心来确定。在视觉上要舒适，以空间搭配合理为佳。如下图所示。

### 文中插图

　　文中插图，即在页面中，图、文互相穿插，形成一个整体版面。这类版式除了文字要受到版心的外围限制还需要考虑到插图的外轮廓。文字的编排要根据插图的外轮廓形成长短不一的排列，是属于适形编排。这样的版面图文相互依存，通常会感觉比较活泼、趣味性强。但要注意插图和相应的文字不能过远，在视觉上要形成一个对应关系，避免图文搭配不当给读者造成视觉上的混乱感，影响阅读的流畅以及上下文的连贯。如下图所示。

### 跨页插图

　　跨页插图，即在对开页面中，一幅插图跨越了左右两页，可以铺满左右两页，也可以不铺满。如下图所示。

## 固定位置放图

固定位置放图，即在书页中，插图往往在比例、大小、尺寸和位置上都相同。这样的编排存在于古代书籍版式设计中。比如上图下文，类似于现代连环画。可铜版雕刻印刷，视觉上感觉统一协调、风格一致。但在现代书籍装帧中，根据需要，也可以采用这样的插图放置方式。如下图所示。

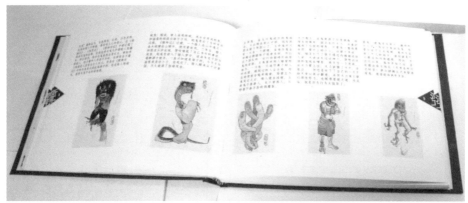

# 3.4 书籍装帧的版式设计

## 3.4.1 版式设计的目的

版式设计是指在进行书籍装帧时，根据书籍题材的特点，对传达内容的各种构成要素予以必要的设计，在视觉上进行关联与配置，使这些要素和谐地出现在一个版面上，构成相辅相成、有活力、有独特形式感的有机组合。版式设计既能传达出正确的信息，还能更好地烘托书籍的内容与阅读氛围，使读者在视觉上获得美的享受。需要注意的是版式设计应该在满足信息传递这一功能性要求的基础上体现艺术性。

每幅版式中，文字和图形所占的总面积被称为版心。版心之外上面的空间叫作天头，下面的空间叫作地脚，左右分别称为内口、外口。中国传统的版式一般是天头大于地脚。而西式书籍，为了更加符合视觉习惯，采用的版式设计是地脚大于天头。版式设计的效果要达到既新颖、美观、大方、雅俗共赏，又要使其与自身定位相吻合，让浏览者能够清晰、快捷地了解到作品所要传达的信息。如下图所示。

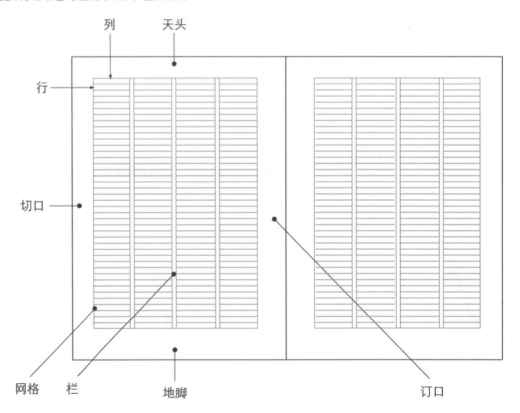

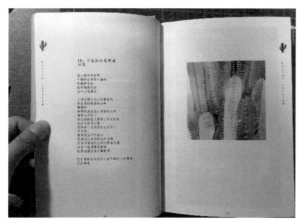

## 3.4.2　版式设计的基本原则

### 主题鲜明突出

版式设计的形式本身并不是设计的目的，设计是为了更好地传达信息，其最终目的是使版面产生清晰的条理性，用理性与美观的组织来更好地突出主题，引导读者视线的走向，增进读者对于版面的理解，便于阅读。常用方法是按照主从关系的顺序，用放大的主体形象作为视觉中心，以表达主题思想，达到最佳诉求效果。

### 形式与内容统一

版式设计的前提是版式所追求的形式感必须符合主题的思想内容，通过运用完美、新颖的形式来表达主题。有些设计者为了追求新奇独特的版面风格，采用了与内容不相符的字体和图形，效果往往会适得其反，这样的书籍自然也不会受到消费者的青睐。

### 整体布局视觉美感

　　整体布局是指将版面的各种编排要素在编排结构及色彩上作整体设计，使整体的结构组织更合理，更有秩序感。这也是版式设计的重要任务。

　　视觉流程是指视线随各元素在版面空间中沿一定轨迹运动的过程。读者的视线会按照一定的视觉秩序在版面上游走，这种轨迹是看不见但却能够感知到的，如果设计师运用得当，整个版面将处于有节奏的良好阅读氛围之中。如下图所示。

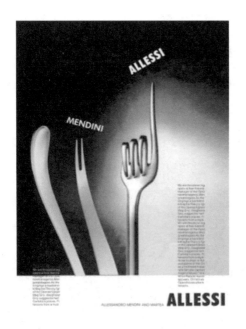

### 3.4.3 版式设计的形式法则

**对比与统一**

　　对比是指把反差很大的两个视觉要素在版面上配列于一起，并能够把构成各种强烈对比的因素协调起来。它包括版面中的图片与文字对比、大小对比、黑白对比、动势对比。它能使主题更加鲜明，视觉效果更加活跃。版式设计最基本的原则是无论文字或图片的版面安排怎样新奇和变化，都要使版面在视觉上具有统一感。

**对称与均衡**

　　对称的形态在视觉上能给人自然、安定、均匀、协调、整齐、典雅、庄重、完美等感受，符合人们的视觉习惯。在版式设计上的均衡并非力学上的平衡，它是由形象的大小、轻重、色彩及其他视觉要素的分布作用于视觉判断而产生的平衡。均衡的变化富于变化和趣味，它打破了对称的单调感，使版面具有生动、活泼等特点。如下图所示。

**力场与重心**

　　力场是指人对于版面上的一些视觉元素的编排产生的心理上的感受力。如将版面重心置于上方时，会给人以轻松的感觉，反之，如果把版面重心置于下方，会给人下沉和压抑的感觉。

　　在书籍版式中，版面的重心位置和视觉的安定有紧密的关系。通常人的视线接触画面后，视线常常迅速由左上角移向左下角，再通过中心位置至右上角经右下角，然后回到画面中最吸引人视线的中心点停留下来，这个中心点就是视觉的重心。版面中所要表达的主题或重要的内容一般情况下不应偏离视觉重心太远。如下图所示。

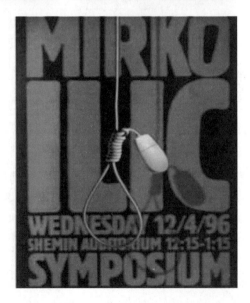

### 3.4.4 关于版式出血设计

　　版式出血设计，是版面设计术语，是指一部分文字或者图片，超出固定版心的外框，甚至直达页面的外边沿，形成视觉上的突破，在整本书的节奏中，形成一些灵活变化。如下图所示。

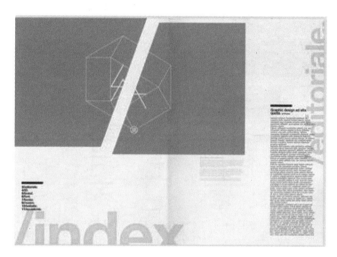

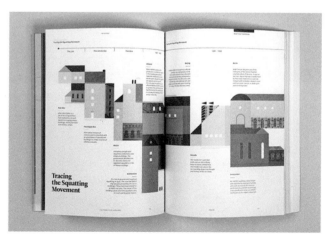

　　值得指出的是，在印刷术语中，有一种"出血"，也称"出穴位"，主要是指将整个版面中的内容尺寸设置在上下左右都超出纸张尺寸3mm，这样可以帮助在印刷或打印时没有多余的白边出现。

# 第4章
## 系列丛书设计要点

# 4.1 版式设计

　　丛书，或称丛刊、套书，是指把各种有一定关联的、单独的著作汇集起来，给它冠以总名的一套书。它通常是为了某一特定用途，针对特定的读者对象或围绕一定主题内容而编纂。一套丛书中的各书均可独立存在，除了共同的书名(丛书名)，各书都有其独立的书名；有整套丛书的编者，也有各书独立的编著者，且多由一个出版社出版。

　　要形成系列丛书设计，可以从版式、图形的变化、色彩的运用效果、书型、装帧等元素去考虑。

　　版式设计是书籍形成系列感组成元素中视觉传达的重要手段。它是指在版面编排上将文字、插图、图形等视觉元素进行有机的、固定的排列组合，通过整体形成的视觉感染力与冲击力、节奏感与韵味将书籍内容的框架个性化地表现出来，以相似的布局来展现书籍设计的系列感。这里的版式的统一感是针对书籍的整体设计而言，但封面的版式的统一设计往往是首当其冲的。如下图所示。

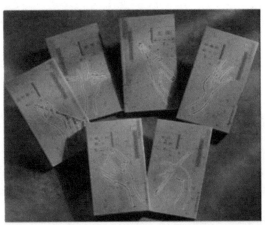

## 4.2 图形的变化与色彩处理

有些系列性书籍为了突出同一系列不同内容书籍的个性化特点，丰富书籍的视觉效果，采用固定版式框架，将样式不同、风格接近的图形填充于固定的图形框架上，从而产生了既有系列感又有图形变化的丰富视觉效果。这样的系列感的营造也是首先体现在封面设计中。如下图所示。

在形成书籍系列感的元素中不可忽视色彩的作用。系列丛书中使用相同的色彩或采用与其中一种书籍色彩相同的处理手法（如色彩渐变或色彩肌理相同等）也同样可以起到形成系列感的作用。如下图所示。

# 4.3 书籍的装帧形式

体现书籍系列感的元素还有书籍的装帧形式，具体包含相同的书籍开本、书籍的外部形态与结构、装帧的开启与书籍的拿取方式、材质的选取和利用以及加工工艺等。如下图所示。

# 第5章

## 书籍的印刷工艺与装订工艺

## 5.1　书籍的印刷工艺

印刷在人类文明与信息传播的过程中扮演着重要的角色。书籍中传情达意的文字和缤纷绚烂的色彩以及美丽动人的图案能呈现在我们眼前，都是通过印刷技术和相关工艺来实现的。早期，人们对书籍的设计更多都是采用手写、手绘的方式来完成，随着电子计算机的普及与应用，电脑设计逐渐代替了手工操作，电子设备印刷成为了主流。

现代印刷是一种对原稿图文信息的复制技术，它的最大特点是能够把原稿上的图文信息大量、经济地再现在各种各样的承印物上，其成品还可以广泛的流传和永久的保存，这是电影、电视、照相等其他复制技术无法与之相比的。

### 5.1.1　印刷流程

印刷品的生产，一般要经过原稿的选择或设计、原版制作、印版晒制、印刷、印后加工五个工艺过程。也就是说，首先选择或设计适合印刷的原稿，然后对原稿的图文信息进行处理，制作出供晒版或雕刻印版的原版（一般叫阳图或阴图底片），再用原版制出供印刷用的印版，最后把印版安装在印刷机上，利用输墨系统将油墨涂敷在印版表面，由压力机械加压，油墨便从印版转移到承印物上，如此进行大量印刷，经印后加工，便成了适应各种使用目的的成品。现在，人们常常把原稿的设计、图文信息处理、制版统称为印前处理，而把印版上的油墨向承印物上转移的过程叫作印刷，这样一件印刷品的完成需要经过印前处理、印刷、印后加工等过程。

即，印刷分为三个阶段：

印前→指印刷前期的工作，一般指摄影、设计、制作、排版、输出菲林打样等；

印中→指印刷中期的工作，通过印刷机印刷出成品的过程；

印后→指印刷后期的工作，一般指印刷品的后加工包括过胶(覆膜)、过UV、过油、烫金、击凸、装裱、装订、裁切等，多用于宣传类和包装类印刷品。

### 5.1.2　书籍印刷的主要类型

#### 平版印刷

平版印刷印版上的图文部分与非图文部分几乎处于同一个平面上，在印刷时，为了能使油墨区分印版的图文部分还是非图文部分，首先由印版部件的供水装置向印版的非图文部分供水，从而保护了印版的非图文部分不受油墨的浸湿。接着，由印刷部件的供墨装置向印版供墨，因为印版的非图文部分受到水的保护，所以油墨只能供到印版的图文部分。最后是将印版上的油墨转移到橡皮布上，利用橡皮滚筒与压印滚筒之间的压力，将橡皮布上的油墨转移到承印物上，这样一次印刷就完成了，所以我们说平版印刷是一种间接的印刷方式。现在由于印前和印刷技术的不断进步，可由电脑设计软件直接制成印版，这就是"直接制版"（DTP）印刷，从而免去了底片制作及其他处理过程。如右图所示。

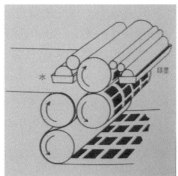

## 凸版印刷

使用凸版（图文部分凸起的印版）进行的印刷，简称凸印，是主要印刷工艺之一，历史最久，在长期发展过程中不断得到改进。中国唐代初年发明了雕版印刷技术，是把文字或图像雕刻在木板上，剔除非图文部分使图文凸出，然后涂墨，覆纸刷印，这是最原始的凸印方法。现存有年代可查的最早印刷物《金刚般若波罗蜜经》，已是雕版印刷相当成熟的印品。但是凸版印刷的表现力会受到很大的制约，它不能印刷多层次、色彩丰富的印制品，主要用于贺卡、文具、邀请函、特版图书以及其他特种产品的小批量印刷。如右图所示。

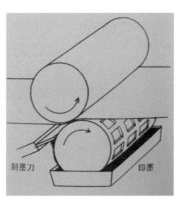

## 凹版印刷

凹版印刷是使整个印版表面涂满油墨，然后用特制的刮墨机构，把空白部分的油墨去除干净，使油墨只存留在图文部分的网穴之中，再在较大的压力作用下，将油墨转移到承印物表面，获得印刷品。凹版印刷属于直接印刷。印版的图文部分凹下，且凹陷程度随图像的层次有深浅的不同，印版的空白部分凸起，并在同一平面上。凹版印刷可以印制出效果非常好的画面，但由于印版制作成本很高，因此经常被用来印制印量特别大的或价格比较高的印品，例如邮票、期刊或高档包装等。如右图所示。

## 丝网印刷

丝网印刷是指用丝网作为版基，并通过感光制版方法，制成带有图文的丝网印版。丝网印刷由五大要素构成，丝网印版、刮板、油墨、印刷台以及承印物。利用丝网印版图文部分网孔可透过油墨，非图文部分网孔不能透过油墨的基本原理进行印刷。印刷时在丝网印版的一端倒入油墨，用刮板对丝网印版上的油墨部位施加一定压力，同时朝丝网印版另一端匀速移动，油墨在移动中被刮板从图文部分的网孔中挤压到承印物上。如右图所示。

平印、凸印、凹印三大印刷方法一般只能在平面的承印物上进行印刷。而丝网印刷不但可以在平面上印刷，也可以在曲面、球面及凹凸面的承印物上进行印刷。另外，丝网印刷不但可在硬物上印刷，还可以在软物上印刷，不受承印物的质地限制，承印物可以是纸张、棉布、丝绸、塑料、玻璃、木材和金属等，对于现代书籍装帧的发展，特别是融入了更多材料的运用特别适应。除此之外，丝网印刷除了直接印刷外，还可以根据需要采用间接印刷方法印刷，即先用丝网印刷在明胶或硅胶版上，再转印到承印物上。因此可以说丝网印刷适应性很强，应用范围广泛。

## 柔版印刷

柔版印刷，是使用柔性版、通过网纹传墨辊传递油墨施印的一种印刷方式。柔版印刷，印版一般采用厚度1~5mm的感光树脂版。柔版印刷适用于多种印刷材料，例如纸板、纸面、塑料板、软性薄膜和金属箔等。油墨分三大类，分别是水性油墨、醇溶性油墨、UV油墨。由于柔版印刷所用油墨符合绿色环保，还具有成本低、设备简单、效率高、承印材料广泛、印刷质量好等优点，目前在欧美等印刷工业发达的国家中，柔性版印刷发展很快，包装印刷已从以凹印和胶印为主变为以柔性版印刷为主，有约70%的包装材料使用柔版印刷。柔版印刷属于凸印类型。

## 数码印刷

数码印刷是将电脑文件直接印刷在纸张上，有别于传统印刷繁琐的工艺过程的一种全新印刷方式。它的特点：一张起印，无须制版，立等可取，即时纠错，可变印刷，按需印刷。数码印刷是在打印技术基础上发展起来的一种综合技术，以电子文本为载体，通过网络传递给数码印刷设备，实现直接印刷，从而取消了分色、拼版、制版、试车等步骤。对于印量不大（不足1000份）的印刷作业非常有效。数码印刷从输入到输出，整个过程可由一个人控制，它涵盖了印刷、电子、计算机、网络、通信等多种技术领域，把印刷方式带入了一个全新的时代。

## 5.1.3 书籍装帧设计在印刷中值得注意的问题

### 关于印刷色

印刷色是由不同的C、M、Y、K数值百分比组成的颜色，也就是我们通常使用的印刷四原色。在印刷原色时，这四种原色都有自己的色版，在色版上记录了这种颜色的信息。把四种色版合到一起就形成了所定义的颜色。我们得到的所有的视觉形象都是这四种颜色的混合结果。

### 关于印刷模式

电子文件设计好后，需要印刷，则需要将其转换为印刷四色模式（即CMYK模式）。以便在制版时能正确分色。随着印刷技术原稿颜色分色、取样并转化成数字化信息，即利用同照相制版相同的方法将原稿颜色分解为红（R）、绿（G）、蓝（B）三色，并进行数字化处理，再用电脑通过数字计算把数字信息分解为青（C）、品红（M）、黄（Y）、黑（K）四种颜色信息。

## 关于图像的分辨率

如果我们使用的图像处理软件是Photoshop，待设计完稿后，最好将文件转化为TIFF格式，因为这样可以方便其他印刷软件使用。TIFF是带标签的图像文件，可以保存由色彩通道组成的图像，它的最大优点是图像不受操作平台的限制。无论PC机、MAC机还是UNIX机，都可以通用。它可以保存Alpha通道，可以在一个文件中存储分色数据。

## 关于印刷色差

在设计稿的制作中所使用的颜色与实际印刷后的颜色之间有一定的差异，这种色差几乎是无可避免的。因为印刷品的效果受印刷油墨批次、纸张批次、印刷机使用状态和保养状态、印刷机师傅对颜色主观上把控的区别等因素的影响，各不同因素发生变化时，即使是相同的设计稿，相同的印刷机，要想做到和上次印刷一模一样，也是非常困难的。需要根据经验，尽量减少色差。如果使用的是普通打印，可以先打印小样，确定颜色后，再进行正式输出。如果是印刷，对色彩有特别高的要求，可以到工厂订机印刷，工人师傅根据要求对颜色进行调整后再进行大量印刷。另外，在设计时尽量避免使用极容易偏色的颜色或模板，如紫色、深蓝色、橙色、咖啡色、强金属色、渐变红色。如下图所示。

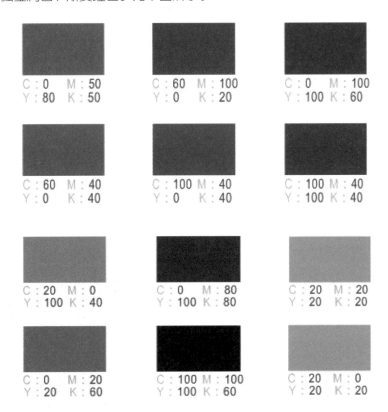

关于书籍装帧设计在印刷中要注意的问题细节还有很多，只有在实践中不断尝试，不断积极分析问题和总结经验，重视知识的积累，关注新知识的学习，才能更加得心应手地把好的书籍装帧设计展现出来。

### 5.1.4　桌面出版系统设备和软件的使用

**设备**

　　图文输入部分需要使用到的设备：计算机、数字照相机、扫描仪。

　　图文处理部分设备：主要是计算机。

　　图文输出部分使用设备：计算机、普通彩色打印机、激光打印机、数码打印机、写真机、喷绘机、UV平板打印机、激光照排机、冲版机、直接制版机、直接数字印刷机等。

**软件**

　　设备驱动软件、MAC和PC机的操作系统。

　　图像处理类软件：以Photoshop、Painter、Sai等为主。

　　图形处理类软件：以Illustrator、FreeHand、CorelDraw等为主。

　　排版软件：以InDesign、PageMaker、QuarkXPress等为主。

## 5.2　书籍的印后加工工艺

　　书籍设计作品经印刷后，其最终的形态、效果的实现往往还需要一些印后加工工艺来辅助完成。如彩箔烫印、模切、压印、打孔、覆膜等工艺，有的还需要根据设计要求进行特殊工艺的加工（如烫金银、印凹凸、过UV等）。还有些书籍在三面切口处烫金口或色口，在书背处起竹节。恰到好处地使用特殊工艺可以给设计作品增添良好的视觉效果，但也要注意不要盲目滥用。

### 5.2.1　覆膜

　　覆膜又称过胶，属于型录印刷后的常用加工工艺。覆膜有亮膜和亚膜两种。覆膜后其色彩和亮度会有一定的变化，覆完亮膜后的印刷品，色彩会比覆膜前明亮，色彩更加鲜艳明快。而覆完亚膜后的印刷品，色彩会比覆膜前略暗一些。

　　覆膜又分单面覆膜与双面覆膜，一般型录手册的封面都是单面覆膜，有些单页的印刷品，如传单、折页等根据客户和设计的需要，可以采取双面覆膜。如下图所示。

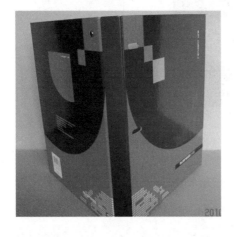

### 5.2.2 凹凸印

凹凸印也就是我们通常所说的"压凹凸"或"轧凹凸"，是设计中常用也实用的工艺。由于凹凸是靠强压作用形成的，所以要求原稿的线条简明，层次尽量减少，注意突出画面的立体效果。如下图所示。

### 5.2.3 浮雕印刷

浮雕印刷是运用高级油墨及特种油墨通过压力加工使印刷品表面具有凹凸感，但它不同于凹凸压印，印刷品的正面凹凸感没有那么强，背面是平整的。如下图所示。

### 5.2.4 模切

模切是钢刀片在模切机上把印刷品轧切成所需形状的一种工艺。以钢刀排成模（或用钢板雕刻成模），在模切机上把承印物冲切成弧形或其他复杂的外形的工艺称为模切工艺。模切用的印版，实际上是带锋口的钢线，其高度约为23.8mm，把钢线在夹具上弯成各种所需要的形状，再组排成"印版"。如下图所示。

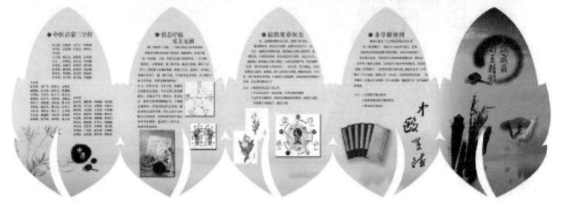

### 5.2.5 压痕

　　压痕工艺是根据设计的要求，使彩色印刷品的边缘成为各种形状，或在印刷品上增加某种特殊的艺术效果，及达到某种使用功能。利用钢线通过压印，在承印物上压出痕迹或留下利于弯折的槽痕的工艺称为压痕工艺，又称为"压线"。压痕用的印版也是钢线，高度比模切用的刀线略低（约低0.8mm），没有锋品，排组成"印版"后用其压印，使承印物表面出现痕迹。一般精装书的封面，在左侧翻折处都要进行压痕处理。如下图所示。

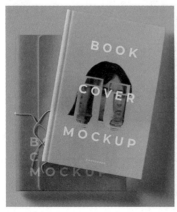

### 5.2.6　打孔

　　打孔是设计里常用的表现工艺，通过打孔机来完成。设计师通过调节孔距、孔径、孔的数量来使视觉产生丰富的变化，增加趣味性。常见的有方孔和圆孔。如下图所示。

### 5.2.7　上光

　　上光是在印刷品的表面形成一层薄而均匀的透明光亮层，以提高印刷品的光泽度、防水性。它符合环保要求，易溶解回收。纸张表面的平滑度和吸收性，对上光质量的影响尤为明显。UV是常用的一种上光工艺，经UV上光后的印刷品闪亮光泽，触摸时有特殊的手感。常见的有磨砂UV（磨砂UV配合压凹，使文字具有特殊质感）、七彩UV（配合烫银工艺，营造神秘奇幻效果）、无色UV（提升光感，打造适度立体效果）。如下图所示。

### 5.2.8 电化铝烫印

电化铝烫印是一种不用油墨的特种印刷工艺，是利用专用箔，在一定的温度下将文字及图案转印到塑料制品的表面。其优点在于该方法不需要对表面进行处理，使用简单的装置即可进行彩印。此外，还可以印刷出具有金、银等金属光泽的制品。值得注意的是电化铝要与被烫印的纸张松软度及表面的纹理相匹配，否则会出现变色、烫印不上，或图文缺损等问题。图书封面经色箔烫印后显得高贵华丽，还可增强印刷品的闪烁感。过去，这种工艺常用于精装书的封面和书脊上，但现在在平装书籍的封面和书脊上也使用电化铝烫印。讲究的书籍在环衬、扉页和目录页上也会有烫金烫银的处理，让这些页面产生韵味独特的效果。如下图所示。

## 5.3 书籍的常用装订工艺

将印好的书页、书帖加工成册、整理成套、订成册本等印后加工，统称为装订。书刊的装订，包括订和装两大工序。订就是将书页订成本，是对书芯的加工，装是对书籍封面、包装的加工，也就是装帧。

书籍的常用机器装订形式主要有：胶订、骑马订、平订、锁线订。精装书的装订形式大都采用锁线订或胶订，平装书的装订以骑马订、平订和锁线订为主。

### 5.3.1 平订

将书帖按顺序配成书芯后，用铁丝订书机将铁丝穿过书芯的订口，并在书芯的背后弯曲，把书芯订牢，再包上封面，三边切光，书籍就装订成了。这种装订方式被称为平订。用铁丝订书籍会因为铁丝受潮而产生黄色锈斑，影响书刊的美观，还会造成书页的破损、脱落，它适于订100页以下的书刊。如下图所示。

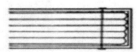

### 5.3.2 骑马订

书页配好，且包括封面在内套成一整帖之后，将套帖配好的书芯连同封面一起，用订书机将铁丝从书刊的书脊折缝外面穿到里面，在书脊上用两个铁丝扣订牢即成为书刊，这样的装订方法被称为骑马订。采用骑马订装订的书刊不宜太厚，书页超过32页（64面）的书籍，不适宜采用骑马订。采用骑马订的书籍的页数需要是4的倍数，否则内文会产生空白。如下图所示。

### 5.3.3 锁线订

利用串线连接的原理，将配好的书帖按照顺序用线从书的背脊折缝处将各书页互锁连成册，再经上胶牢固，成为书芯，再包上封面，裁切成书，这样的装订方法叫作锁线订。锁线订可以订任何厚度的书，且比较牢固，锁线订的书页可以摊平，便于翻阅，但订书的速度较慢。如下图所示。

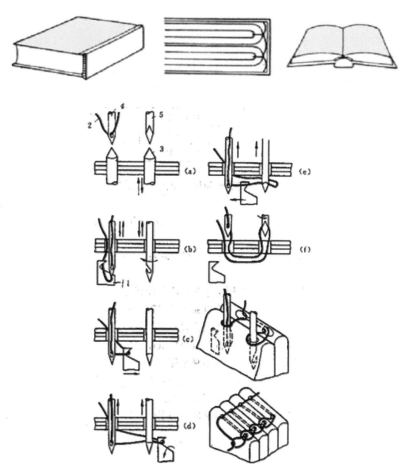

### 5.3.4 无线胶订

一般是把书帖配好页码，在书脊上锯成槽或用铣毛打成单张，经撞齐后，用胶黏剂将书帖或书页黏合在一起制成书芯，再包上封面。这种装订方法也被称为无线胶订法。如下图所示。

### 5.3.5 塑料线烫订

在折页机进行最后一折之前，以类似骑马订的穿线原理，在每一书帖的最后一折缝上，从里向外穿出一根特制塑料线，穿好的塑料线被切断后，两端（两订脚）向外形成书帖外订脚，然后在订脚处加热，使一订脚塑料线熔化并与书帖折缝黏合（另一订脚留在外面准备与其他书帖粘连，再经配页、包封面、烫背、压紧成型后，各帖之间的另一订脚互相粘连牢固订在书背上，达到联结书册的目的。如下图所示。

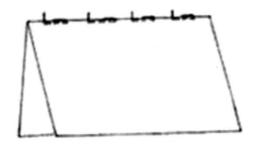

### 5.3.6 包本

包本也称包封面，是将订好或分割好的书芯，在其订口和书背上均匀涂布黏合剂，将封面包粘住，成为一本完整书册的加工。如下图所示。

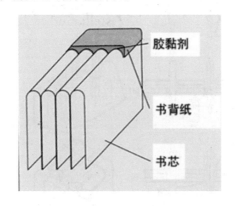

### 5.3.7 其他工艺

除了以上几种常用的书籍装订工艺以外，在装订过程中还有一些工艺需要关注，如三面切书和精装书脊的装订。

#### 三面切书

书籍完成订口的装订后，成为毛本，下一步需要进行三面切书。即将书籍毛本的天头、地脚、切口，即除订口之外的三个余边按开本规格尺寸裁切整齐的过程。

#### 精装书脊的装订

书芯的书背经过加工后成为圆背或平背。封面、封底一般用硬纸板做内里，然后丝织品、漆布、人造革、皮革或纸张等材料粘贴在硬纸板表面做成精装书籍的封面。通常平背的书脊的纸板可以和封面纸板一样，而圆背书脊的纸板需要比封面纸板略薄。

处理好的书芯需要先在书脊的两端粘上堵头布，堵头布的裁切宽度为书脊的宽度。先在书脊的天头、地脚处刷上白乳胶，然后把堵头布贴上，要求粘直、粘平、粘牢。堵头布的边露出书芯上下切口约1mm宽。

堵头布粘好后，将书籍余下面积刷上白乳胶，将裁切好的白纱布居中粘在书脊处，增加书脊的牢固度，同样要求粘平、粘牢。

白纱布粘好，再将整个书脊刷上白乳胶，将裁切好的书背纸粘在书脊处，粘平、粘牢，在这个过程中要注意不能将胶液蹭到书芯切口的其他部位。

以上制作步骤通常称为精装书籍的"书脊三贴"，除了这三贴，有需要的书籍，还可以在粘堵头布之前，在书脊的上端粘上一根丝带，做书签用。

# 第6章

# 现代书籍装帧的个性化设计

随着物质生活水平的不断提高，人们对精神文化、审美方面亦有了更高的要求。书籍给社会和人类提供了极大的方便，促进了信息的传达，刺激了思想的沟通和交流。在书籍装帧设计和市场的关系中，书籍装帧艺术具有对市场需求的引导作用，这是由设计本身所具有的创造性和未来性所决定的，它不仅能适应市场需求，而且还能创造出新的市场需求。这种新的市场需求，实际上是由新设计思想意识引发的，那就是突破原来的设计框框，大胆使用现代流行时尚设计理念，从设计理念的形成到视觉效果的表现和工艺技术的结合，都充分体现书籍装帧的个性创意。

现代书籍装帧在设计上的突破，可在书籍的各种构成元素上下功夫，比如在封面上装饰金银、加入防盗版的特殊工艺等，更有的人注重开发封面与封底，书脊部分也被用来进行各种各样的装饰加工。现代书籍装帧对书籍的整体设计都非常重视，在封面、封底和书脊3面印刷文字和插图早已司空见惯，一些书籍还在书口冲孔以印字母或在书口直接印刷画面，或将书角切成圆弧状或其他形状等。更有一些设计师别出心裁地对书籍的整个外部形态进行大胆设计：或在书籍内部增加立体造型或和读者的互动环节；或者在书籍中增加虚拟图像技术，使读者在翻阅时，还可观赏到不同的动态图案。要实现整体设计方案，就要对书籍的形态进行精加工。

随着社会不断的发展和进步，为了适应不同时期不同阶段的社会环境，书籍装帧设计也在不断地调整和改变自己的形态与内容。现在，读者获取阅读信息的方式从以前的单一渠道变成多维互动。在新媒体环境下，为了更好地适应新的环境和新的需求，现代书籍装帧设计显得尤为重要，必须认清现状，不断突破和探索。如下图所示。

## 6.1 材料的选择对现代书籍装帧个性化表现的重要性

材料，是物质存在的特定呈现方式，不同的材料具有不同的美感和价值。在现代书籍装帧设计中对材料的选择是不可或缺的，这是对书籍内容具有强烈表现力的设计语言。现代书籍装帧设计对材料的运用越来越广泛，不同材料的不同质地、肌理、色彩会使读者产生不一样的视觉感受和心理反应。出奇却自然恰当的材料选择会让读者产生新鲜感乃至产生强烈的阅读兴趣。现代科学技术的发展，让材料市场的更新特别快，可用于书籍装帧设计的材料也越来越多，对更多不同类型材料的了解和学习，将为推动现代书籍装帧设计的发展提供更广阔的空间。

### 6.1.1 纸材

因为书籍的特性需求，目前绝大多数书籍的质感主要是通过纸材的运用来体现的，每种纸材都有自身的个性，不同的材质传达着不同的纸材寓意。对于设计师来说，纸是很有趣并且很有内涵的素材，作为一种默认的媒介被大家所认同，在各方面的应用都比较成熟，具有无限的可能性。 纸材的选用包括选择品种、规格和质量等级几个方面。印刷彩色画面、插图或广告插页等，可选用双面铜版纸或双胶纸；印刷商标等单面印刷品则可选用单面铜版纸或单胶纸；印刷手册等宜选用字典纸或薄凸版纸；印刷一般型录（指以直接或间接的方式把印刷品邮寄或传递到消费者手中，是传达信息的一种常用手段）则选用胶印书刊纸或凸版印刷纸，纸张材料在型录设计成本中占有很大的比重，占**40%**以上。

#### 凸版纸

凸版纸是采用凸版印刷书籍、期刊时的主要用纸，适用于型录的说明书等正文用纸。具有质地均匀、不起毛、略有弹性、不透明、吸墨均匀，稍有抗水性能，抗水性能和白度均好于新闻纸，有一定的机械强度等特性。如下图所示。

## 胶版纸

胶版纸旧称道林纸，主要供平版（胶印）印刷机或其他印刷机印制较高级彩色印刷品时使用，如彩色画报、画册、宣传画、彩印商标及一些高级书籍的封面、插图等。胶版纸按纸浆料的配比分为特号、1号和2号三种，有单面和双面之分，还有超级压光和普通压光两个等级。胶版纸伸缩性小，对油墨的吸收性均匀，平滑度好，质地紧密不透明，白度好，抗水性能强。印刷时应选用结膜型胶印油墨和质量较好的铅印油墨。油墨的黏度也不宜过高，否则会出现脱粉、拉毛现象。还要防止背面粘脏，一般采用防脏剂、喷粉或夹衬纸。胶版纸类似于铜版纸的原纸，就是没涂布的铜版纸。如下图所示。

## 铜版纸

铜版纸又称涂料纸，这种纸是在原纸上涂布一层白色浆料，经过压光而制成的。纸张表面光滑，白度较高，纸质纤维分布均匀，厚薄一致，伸缩性小，有较好的弹性和较强的抗水性能以及抗张性能，对油墨的吸收性和接收状态良好。铜版纸主要用于印刷画册、封面、明信片、精美的产品样本及彩色商标等。铜版纸印刷时压力不宜过大，要选用胶印树脂型油墨和亮光油墨。要防止背面粘脏，可采用加防脏剂、喷粉等方法。铜版纸有单面、双面两类。如下图所示。

### 哑粉纸

哑粉纸正式名称为无光铜版纸，在日光下观察，与铜版纸相比，不太反光。用它印刷的图案，虽没有铜版纸色彩鲜艳，但图案比铜版纸更细腻、更高档。哑粉纸光滑且反光不严重，一般哑粉纸会比铜版纸薄并且白，更加吃墨，并且比较硬正，不像铜版纸很容易变形，如果感觉书页不平整，那肯定是铜版纸。如下图所示。

### 新闻纸

新闻纸也叫白报纸，是报刊及书籍的主要用纸。适用于报纸、期刊、课本、连环画等正文用纸。新闻纸纸质轻松、有较好的弹性；吸墨性能好，保证油墨能较好地固着在纸面上。纸张经过压光后两面平滑，不起毛，从而使两面印迹比较清晰而饱满；有一定的机械强度；不透明性能好；适合于高速轮转机印刷。但新闻纸的颜色白度较差，所以再现图像的质量较低。如下图所示。

### 书面纸

书面纸也叫封面纸或书皮纸，是主要用于印刷书籍封面用的纸张。书面纸色泽鲜艳美观，并具有相当的耐光性。纸质强韧牢固，耐磨、耐折、耐水。书面纸在造纸时加了颜料，有灰、蓝、米黄等颜色。如下图所示。

### 字典纸

字典纸是一种高级的薄型书刊用纸，纸薄而强韧耐折，纸面洁白细致，质地紧密平滑，稍微透明，有一定的抗水性能。其主要用于印刷字典、辞书、手册、经典书籍，以及页码较多、便于携带的书籍。字典纸对印刷工艺中的压力和墨色有较高的要求，因此印刷时在工艺上必须特别重视。如下图所示。

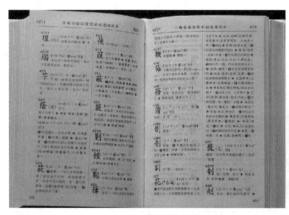

### 毛边纸

毛边纸，是中国古代劳动人民用竹纤维制成的淡黄纸。明末江西出产竹纸，纸质细腻，薄而松软，呈淡黄色，没有抗水性能，托墨吸水性能好，既适于写字，又可用于印制古籍。因明代大藏书家毛晋嗜书如命，好用竹纸印刷书籍，曾到江西大量订购稍厚实的竹纸，并在纸边上盖一个篆书"毛"字印章，故人们习惯称这种纸为毛边纸，并沿用至今。毛边纸只宜单面印刷，主要供印古装书籍用。如下图所示。

## 书写纸

书写纸用漂白化学纸浆为原料，长网机或圆网机抄造，并压光而成，是一种消费量很大的文化用纸，适用于表格、练习簿、账簿、记录本等，供书写用，分特号、1号、2号、3号和4号五个等级，定量为45g/m²至80g/m²。质量要求：两面平滑、质地紧密、书写时不浸水，通常做白色色泽要求。如下图所示。

 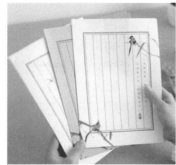 

## 卡纸

卡纸是介于纸和纸板之间的一类厚纸的总称，是一种坚挺厚实、定量较大的纸。定量为200g/m²左右的白厚纸，表面平滑，经过压光，挺度较高，也有人称其为薄纸板。最普通的卡纸不上色，称为白卡纸。如果上色，依色泽叫作色卡纸，也称双面白。白卡比灰白卡档次高，白卡由三层组成：表层和底层为白色，光滑平整，可做双面印刷；中层为填料层，原料较差。白卡质地较坚硬，薄而挺括，用途较广，多用做各种高档包装盒、烟盒、口杯、儿童读物等。装订用白卡主要做软面书壳、平装封面、说明书、硬衬等。如下图所示。

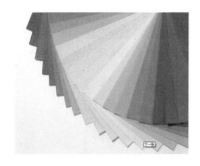  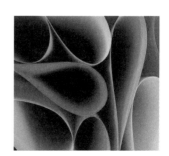

### 白板纸

白板纸是一种正面呈白色而且光滑,背面多为灰底的纸板,这种纸板主要用于单面彩色印刷后制成纸盒供包装使用。白板纸正常尺寸分别为78.7cm×109.2cm和88.9cm×119.4cm,或者按订货的合同规定生产出来其他规格或卷筒纸。一般有卷筒还有平张。白板纸伸缩性小,有韧性,折叠时不易断裂,主要用于印刷包装盒和商品装潢衬纸。在书籍装订中,用于简精装书籍的里封和精装书中的径纸(脊条)等装订用料。白板纸按纸面分类有粉面白板和普通白板两大类;按底层分类有灰底和白底两种。如下图所示。

白板纸与白卡纸的区别如下:

白卡纸有较高的挺度、耐破度和平滑度(但压印有花纹的白卡纸除外),纸面平整、外观整洁、不许有条痕、斑点等纸病,也不许有翘曲变形的现象产生。适于印刷和产品的包装,可用于名片、请柬、证书、菜单、月份台历以及邮政明信片或类似的产品。

白板纸是一种正面呈白色且光滑,背面多为灰底的纸板,这种纸板主要用于单面彩色印刷后制成纸盒供包装使用,抑或用于设计手工制品。

### 蒙肯纸

蒙肯纸是一种较轻型胶版纸,它采用特殊的生产加工工艺,如特殊的打浆程序、难以仿制的纸制毯表面纹理等,纸张质地松软、重量较轻,双面略糙,颜色自然,不含荧光增白剂,颜色呈奶白或淡米黄,给人古朴自然、比较文艺的感觉。长时间阅读蒙肯纸印刷的书刊,不会造成视觉疲劳。纸张寿命长,耐保存,绿色环保,具有防伪性能。蒙肯纸适合印刷书刊、教科书、画册等,一般作内页使用。如下图所示。

## 特种纸

特种纸具有一定的强度，质轻，表面有凹凸、纹理、光泽、珠光、平滑等不同特性，其外表美观，颜色各异。特别是由植物纤维加工制作的纸质材料，由于对环境无污染，又可回收利用，故已成为装帧设计和绿色包装的首选材料。特种纸是为了简化品种繁多的艺术纸张而造成的名词混乱，对各种特殊用途纸或艺术纸的统称。

主要包括以下几种。

### 1. 压纹纸

压纹纸的表面有一种不十分明显的花纹，颜色分灰、绿、米黄和粉红等色。压纹纸性脆，装订时书脊容易断裂。印刷时纸张弯曲度较大，进纸困难，影响印刷效率。

压纹纸采用机械压花或起皱的方法，在纸和纸板的表面压出凹凸不平的图案。压纹纸通过压花来提高它的装饰效果，使纸张更具质感。但由于压纹纸表面具有的粗糙纹路，较适合进行单色印刷或套色印刷，不宜叠色，多适合制作图书或画册的封面、扉页。如下图所示。

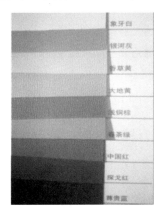

## 2. 花纹纸

花纹纸品种有抄网纸、仿古纸、非涂布花式纸、赤金箔等，各具特色。例如，抄网纸是一种产生纹理质感的传统特种纸，质感柔和，适于包装印刷和软皮本的封面印刷；非涂布花式纸具有抄网纸的自然质感和良好的印刷适性效果，这种纸的两面均经过特殊加工处理，使纸张的吸水性降低，印刷时油墨留在纸张表面，具有很强的浮凸质感；赤金箔是一种运用纳米技术制作出来的金纸，可以把彩色图案直接印刷于金纸之上，既保留了金色的光泽，又起到防潮、防蛀、抗氧化变色的功能，保存期限长。

刚古纸，如下图所示。

珠光纸，如下图所示。

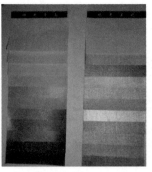

套版压花，如下图所示。

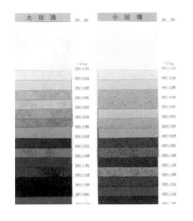

花瓣纸，如下图所示。

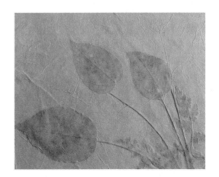

### 3. 硫酸纸（植物羊皮纸）

硫酸纸呈半透明状，具有纸质纯净、强度高、透明好、不变形、耐晒、耐高温、抗老化等特点。纸质的气孔少，纸质坚韧、紧密，而且可以对其进行上蜡、涂布、压花或起皱等加工，其外观与描画纸相近。因为是半透明的纸张，非常方便拷贝，所以也俗称拷贝纸。硫酸纸在现代装帧设计中，往往用作书籍的环衬（或衬纸）、扉页等，既可更好地突出和烘托主题，又符合现代潮流，还可在硫酸纸上印金、银色图文，效果高档，别具一格。如下图所示。

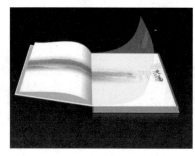

硫酸纸中还有常用来做包装用的雪梨纸和雾面纸，如下图所示。

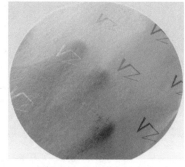

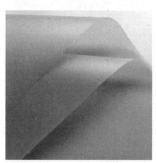

### 4. 纤维麻纸

纤维麻纸的特点是纤维长，纸浆粗(纸表有小疙瘩)，纸质坚韧，外观有粗细厚薄之分，背面未捣烂的黄麻、草迹、布丝清晰可辨。如下图所示。

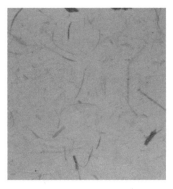 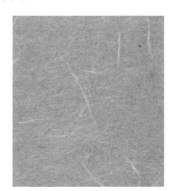

## 瓦楞纸

瓦楞纸是由挂面纸和通过瓦楞棍加工而形成的波形瓦楞纸黏合而成的板状物，一般分为单瓦楞纸板和双瓦楞纸板两类，按照瓦楞纸的尺寸分为A、B、C、E、F五种类型。瓦楞纸的发明和应用有100多年历史，具有成本低、质量轻、加工易、强度大、印刷适应性优良、储存搬运方便等优点，80%以上的瓦楞纸均可通过回收再生，瓦楞纸可用作食品或者数码产品的包装，相对环保，使用较为广泛。

A型瓦楞纸和B型瓦楞纸一般用作运输外包装箱，啤酒箱一般用B型瓦楞纸制成。E型瓦楞纸多用作有一定美观要求和放入适当重量内容物的单件包装箱，F型瓦楞纸和G型瓦楞纸统称为微型瓦楞纸，是一种极薄的瓦楞纸，用作汉堡包、奶油馅糕点等食品的一次性包装容器，或者用作数码相机、便携式组合音响等微电产品以及冷藏商品的包装。精装书籍的函套也可以通过在瓦楞纸盒的表面印制靓丽多彩的图形和画面来进行个性化的设计和制作。用来制作纸类装饰也是不错的选择。如下图所示。

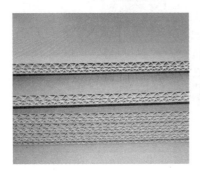  

## 合成纸

合成纸是利用化学原料合成的纸，一般以烃类为主要原料，再加入一些添加剂而制成。一般合成纸分为纤维合成纸和薄膜系合成纸。合成纸质地柔软，拉力强、不发霉、稳定性良好，常用来印刷书刊、广告、说明书等。其印刷性能优良，印刷过程中不会发生"断纸"故障。如下图所示。

随着科学及技术的不断发展，各种纸张材料层出不穷，这里不能一一列举。但是不断地深入了解纸材市场是作为一个设计人必须要去做的事情。在书籍装帧设计中，合理选用纸张材料是强化设计效果、降低设计成本的一个重要方面。如普通宣传册，平装本用52g凸版纸，精装本可用60g或70g胶版纸；直邮单一般采用49g～60g凸版纸，精装册可用40g字典纸；图片及画册一般用80g～120g胶版纸或100g～128g铜版纸。

可根据画册的精印程度和开本选用胶版纸或铜版纸及相应克度的纸；年画、宣传画一般用50g～80g单面胶版纸，连环画用50g～52g凸版纸，高级精致小画片用256g玻璃纸；期刊一般用52g～80g纸，单色印一般用60g书写纸或胶版纸，彩色印一般用80g双版纸。

按图书、期刊的封面、插页和衬页的技术要求：内芯在200页以内，封面一般用

100g～150g纸；内芯在200页以上，封面一般用120g～180g纸；插页用80g～150g纸；衬页根据书的厚薄一般用80g～150g纸。同一品种的纸，克数越重，价格越高。正文纸的克重增加，书脊也随之加厚，有时还须调整封面纸的克重和开数，往往会增加书籍的纸张成本。

## 6.1.2 皮革

过去，因为一些书籍的珍贵程度，在精装设计制作的时候，为了更好地保护书籍，皮革也成为了重要的封面材料选择。而在现代书籍装帧设计中，为了更好地表达设计者的设计意图，皮革也会经常被使用在各种书籍当中。如下图所示。

### 真皮

"真皮"在皮革制品市场上是常见的字眼，是人们为区别合成革而对天然皮革的一种习惯叫法。在消费者的观念中，"真皮"也具有非假的含义。动物革是一种自然皮革，即我们常说的真皮，是由动物(生皮)经皮革厂鞣制加工后，制成各种特性、强度、手感、色彩、花纹的皮具材料，是现代真皮制品的必需材料。但真皮价格昂贵，而且也不环保。

### 人造革

人造革也叫仿皮或胶料，是PVC和PU等人造材料的总称。它是在纺织布基或无纺布基上，由各种不同配方的PVC和PU等发泡或覆膜加工制作而成，可以根据不同强度、耐磨度、耐寒度和色彩、光泽、花纹图案等要求加工制成，具有花色品种繁多、防水性能好、边幅整齐、利用率高和价格相对真皮便宜的特点。

人造革是极为流行的一类材料，被普遍用来制作各种皮革制品，或替代部分的真皮材料。它日益先进的制作工艺，正被二层皮的加工制作广泛采用。如今，极似真皮特性的人造革已有生产面市，它的表面工艺及其基料的纤维组织，几乎达到真皮的效果，其价格与国产头层皮的价格不相上下。

### 合成革

合成革是模拟天然革的组成和结构并可作为其代用材料的塑料制品。表面主要是聚氨脂，基料是涤纶、棉、丙纶等合成纤维制成的无纺布。其正、反面都与皮革十分相似，并具有一定的透气性。特点是光泽漂亮，不易发霉和虫蛀，并且比普通人造革更接近天然革。

合成革品种繁多，各种合成革除具有合成纤维无纺布底基和聚氨酯微孔面层等共同特点外，其无纺布纤维品种和加工工艺各不相同。合成革表面光滑，通张厚薄、色泽和强度等均一，在防水、耐酸碱、微生物方面优于天然皮革。

### 6.1.3 纺织面料

因纺织面料在整体上都给人柔软、温和和亲切的感觉，并且很容易上色，也容易粘贴或缝合，所以在我国古代的书籍装帧中就已经很广泛地使用了。比如在卷轴装、包背装、蝴蝶装、线装等，都曾采用丝或棉织品作为装帧材料。通常用于书籍装帧中的纺织面料有平纹布、绸缎和各类绒布等。这几种面料都能给书籍营造高贵典雅的感觉，提升书籍的艺术品质。到了现代，随着制造业的发展，纺织面料的种类也越来越多，用于书籍装帧的选择也越来越多。比如亚麻布，就因为其生动的凹凸纹理以及淡雅、朴素和自然风被经常用于书籍的函套、封面或内页的设计上。如下图所示。

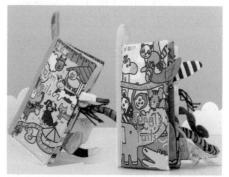

### 6.1.4 木材

木质材料是和石材、金属等材料相比较，质地相对比较柔软，重量较轻，且比较容易加工的材料。它的拉伸强度是铁的三倍。但是，木材也有自身的一些缺陷，比如因为木材本身是有机体，在空气环境中容易产生扭曲、变形、霉变、开裂等现象。在选择木材作为现代书籍装帧的用材时，主要用于书的函套或者精装书的封面设计中，对书籍进一步加强保护，并且让书籍具有一种别具一格的优美观感，并且要对木材进行一定的工艺加工，对木材本身进行防潮、防腐、防火等处理。值得一提的是，目前为了更好地保护我们的森林资源，尽量少选用木材作为设计原材料，如果木材确实是表达设计的最佳材料，也可以考虑选用人造木材或者仿木材肌理的其他材料。如下图所示。

### 6.1.5 其他辅助材料

现代书籍装帧设计除了采用以上材料以外，还有许多材料可用作书籍装帧封面，特别是精装书籍的封面、封套等。

复合材料——如仿自然纹理等材料。这种材料有韧性、可塑性强，表面纹理逼真、手感好，常用来做精装书籍的封面。

塑料——用于假精装书籍，即在封面外套一个塑料套，文字一般用电化铝金色或银色。现在，塑料的运用已不局限于这种封套了，形式更多样。

还可用一些特殊的装饰材料，如金属环、纽扣、丝带、蕾丝等原始材料作为型录材料。材料的应用不能脱离设计意图，在成本允许的情况下进行应用才是最好的。如下图所示。

## 6.2 现代书籍结构方面的个性设计

### 6.2.1 整体造型上的个性设计

　　在我们的印象中，书籍都是方方正正、规规矩矩的外部形态特征。这是因为这样的外形便于阅读、收藏以及携带，当然也受传统印刷和裁剪、装订等工艺的限制。在进行书籍设计的时候，对其外形的把握也主要是从不同大小的开本来入手的。但是随着现代科学技术的不断发展，人们的审美趣味越来越丰富，对书籍的整体造型的改变，也是我们在进行现代书籍装帧设计的时候需要考虑的一个环节。一本书的外形不再拘泥于方形的传统造型，而是契合书籍的内容进行了有效的改造，能够让读者看到书的第一眼就能感受到强烈的与众不同。如下图所示。

### 6.2.2　封面的个性设计

封面是和书籍外部形态一起与读者见面的首要环节，是装帧艺术的重要组成部分，犹如音乐的序曲，是把读者带入内容的向导。让读者在拿到书籍的那一刻，即能感受设计带来的魅力，也能感受因设计营造的关于书籍内容的欢乐和烦忧。一本具有个性化的书籍的封面设计可以营造突破传统的外部造型和开启方式，塑造个性，打破常规。采用不同的材料和制作工艺，大胆设想，突出主题，再遵循平衡、韵律与调和的造型规律，运用构图、色彩、图案等知识，设计出典型、富有情感的封面。

书籍封面设计可谓是一个微妙的过程。设计师不能做纯艺术的幻想，而必须结合书籍的内容精髓，把想象加以视觉化，再结合现代科学技术将设计转化为实际产物。这就要求设计师不仅要具备良好的绘画功底和空间想象能力，还必须熟悉各种装帧材料以及制作工艺，结合精良的表现技术，才能将一本能充分引起读者共鸣、引起读者兴趣的书呈现在读者眼前。

对封面的设计突破，可以从函套、封面、勒口这几个方面入手。在选择材料，确定造型和表现层次、营造不同的开启方式方面多多下功夫。如下图所示。

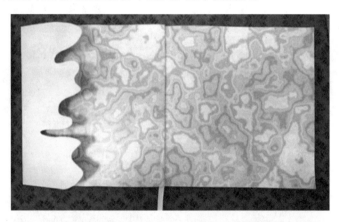

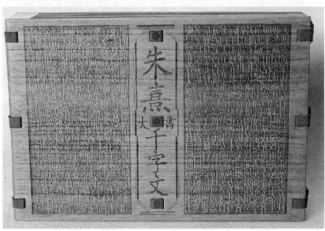

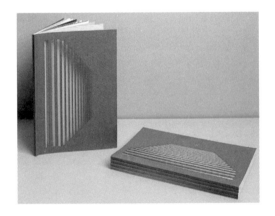

### 6.2.3 利用装订对书脊进行个性设计

**关于"裸背装"**

除了骑马订的期刊没有书脊，其他绝大多数的书刊都有书脊，书籍通常在书脊上印有书名、作者名和出版社名以及少量其他信息，以方便读者在书架上查阅的时候能快速方便地找到自己想要的书。要形成个性化的书籍装帧设计，书脊的设计突破也是必不可少的一个环节。

近些年来，对现代书籍的书脊处进行个性化的设计，常用的手段是"裸背装"。

"裸背装"的说法借鉴于服装设计，其实就是利用锁线订的技法去寻求表现变化的一种书籍装帧形式。书脊的"脊"也可理解为"背"。在设计的时候可以打破常规，"背"不用包裹住，直接露出里面的书帖以及装订线出来，不一定非要完整表现书名、作者名和出版社名这些信息。这样的装帧形式可以好好利用装订线的装饰变化，在视觉上呈现出别具一格的美感，而且在阅读时，还可以把书摊开放置在桌面，翻看到任何页面时，都能保证书页的服帖，减少了过去在阅读时，因为书籍厚度而造成的不得不用手强摁或者用重物压迫的尴尬。

2010年出版的《念楼学短》和2013年出版的《平如美棠：我俩的故事》均采用了这样的"裸背装"。如下图所示。值得注意的是《平如美棠：我俩的故事》的书脊并没有全裸，而是中间三分之一处用红布包裹，布上有书名，而上下两端则裸露出来，这也为"裸背装"如何裸露提供了新的思考。

除了裸露的位置和方式以外，还可以针对装订线的材质、色彩以及装订方式来进行新的思考，让一个貌似不起眼的"书脊"也能大放异彩。如下图所示。

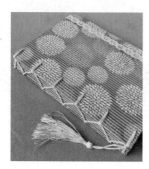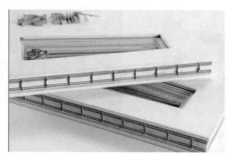

## 了解书脊的手工装订方式

那么要对书脊进行"裸背装"的设计，必须对锁线订的方法熟练掌握，这是使思维展开形成设计突破的基础。为了大家更加清楚锁线订的方法以及制作细节，在具体设计的时候形成更多的突破点，这里借助手工制作锁线订的一种方法来进行介绍。因为虽然通常大批量的书籍的装订都是通过装订机来完成的，但手工制作锁线订能在视觉上更加突出锁线形成的麻花辫的视觉美感，能对其中的制作步骤和细节形成更详细的解析，更方便掌握和熟悉。

具体制作步骤分为以下两个环节。

### 1. 第一环节

用白色道林纸进行制作。因为制作方法前后会有些不一样，为示区别，前面两张用彩色复印纸。如右图所示。

先把A4的白色道林纸对折一半，折叠成A5的尺寸。每4张纸折成一贴，锁线订就是要将书籍一帖一帖地锁订在一起。

锁线之前最好先在每帖内里的折线上用铅笔定位，保证每一帖的定位点一致，这样在后面的制作中，帖与帖就不会错位。比如，可以把边长定为21cm，分6份，每隔3.5cm可以定一个点。当然数据的确定可以根据自己的设计需要灵活处理。如右图所示。

定好位置后。在折叠线上用锥子在每个点上戳一下，留下小孔，因为后面是需要通过针线的。孔尽量小，反复穿过几次就合适了。线的长度需要预先计算，边长是21cm，那么一帖就需要21cm长，如果折了10帖，通常还需要增加2帖的长度，那就需要计算12帖所需要的线段总长。如下图所示。

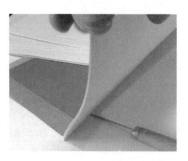 

　　第一帖的折叠线上从左到右标1～5个孔位，每帖下面对应的也是1～5号孔位。蓝色是第一帖，紫红色是第二帖，下面依次类推。然后开始第一针：把一帖打开，针从一帖的1孔出，右边留足够长的线，方便最后打结。初次做也可以像图片这样把线贴住。如下图所示。

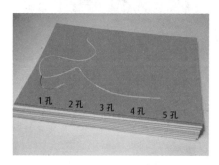 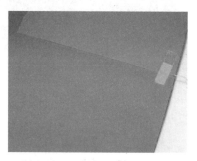

　　紧接着从二帖1孔进去，再顺着从二帖2孔出来。如下图所示。

 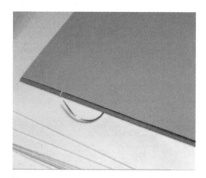

　　出来后，一帖2孔进去，进去后在原来留的长线里绕一圈，看下面的小图，这样绕一圈再从原孔出来，出来后，再从二帖的2孔进去。如下图所示。

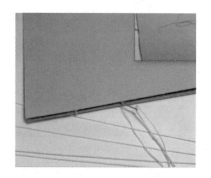 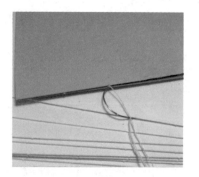

　　进去后，顺着旁边的二帖3孔出来，出来后，再从一帖的3孔进去，再次在留的长线上绕一圈，原路返回出来。如下图所示。

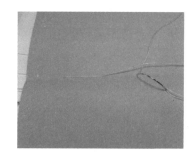

　　出来后，再从二帖的3孔进去，再顺着旁边的4孔出来。如下图所示。

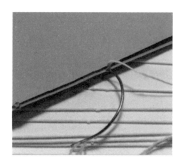
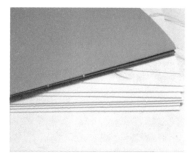

　　出来后，还是从一帖的4孔入，进去绕圈再原路出来，然后，还是从二帖的4孔进去。如下图所示。

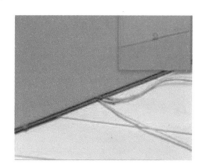
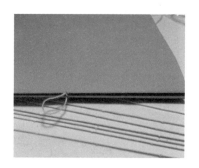

　　进去后，顺着旁边的5孔出来，出来后从一帖的5孔进去，还是绕圈就出来。出来后，再把一帖的内页打开，先把尾端打结，收尾。如下图所示。

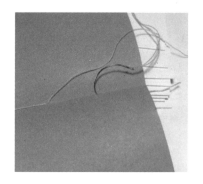

至此，一帖和二帖的针法就完成了。一帖、二帖的做法重点就是回到一帖里面绕圈再出来。

一贴、二贴的针法结束后，就进入下一个环节的针法。下个环节的针法其实重点也是绕圈，只是要记住每次绕都需要朝一个方向，这样出来的成品，锁线就清晰，形成的麻花辫也整齐。

### 2. 第二环节

上一个环节，针从第一帖5孔出来后，在一帖和二帖之间绕圈，这时注意绕圈的方向，因为这里绕的方向确定后，下面所有绕的方向都需要按这个方向来进行。绕圈后从第三帖5孔进入，然后顺着左边的三帖4孔出。如下图所示。

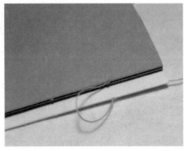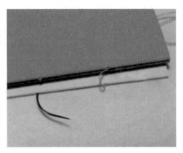

出来后，在一帖和二帖之间绕一圈，注意按之前绕圈的相同方向绕。然后，绕好圈，再从三帖4孔入。如下图所示。

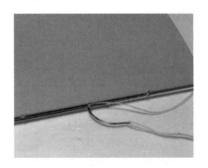

之后，再顺着左边的一个孔，即第三帖的3孔出来，出来后，仍是在上一层的第一帖和第二帖之间绕圈。如下图所示。

绕好圈后，再入三帖3孔，然后从三帖2孔出来，在一帖与二帖之间再绕圈。如下图所示。

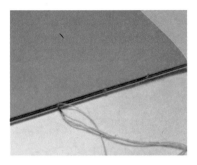 

绕圈后又从三帖2孔入，顺着左边的1孔出，出来后，还是在一帖与二帖之间绕圈。如下图所示。

这里需要注意了，这时从三帖1孔出来绕圈后，需要再次在二帖和三帖之间绕一次，再下到第四帖的1孔入，再顺着右边的四帖2孔出来。如下图所示。

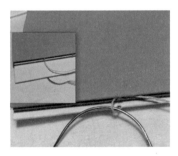 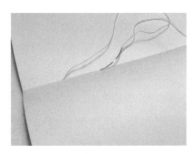

从四帖2孔出来后，后面则都是在二帖和三帖之间绕圈了。绕圈后，入四帖2孔。后面的针法就和缝第三帖是一样的了，不管后面有多少页，都是如此循环。如下图所示。

 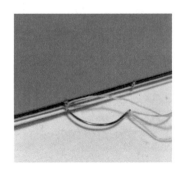

下面就分解一下最后的收尾。绕圈后，仍旧进到最后一孔，回到孔的内页，在内页收针打结。如下图所示。

总的来说，用最简单的图示来表达则是这样的。如下图所示。

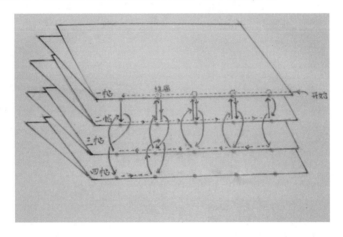

### 6.2.4 环衬、扉页的个性设计

环衬和扉页是书籍的内页的一部分，由于功能和地位的特殊性，通常不需要花太大力气去做过多花哨的设计和处理，否则就会喧宾夺主，但是在环衬和扉页处也可以借助造型和材质以及镂空等加工手段来含蓄地、恰到好处地营造一种新奇和别致，形成在阅读正文之前的过渡和调剂。如下图所示。

## 6.2.5 正文的个性设计

在书籍当中，正文部分页数最多，所占比例最重，是我们书籍内容的灵魂。现代书籍设计的很长一段时间，书籍的形式都是限定在二维的视觉空间里，但是长时间的平面文字阅读，会让人产生疲惫感。随着时代的变迁，人们的阅读需求的变化，书籍的正文部分也成了亟须改变的一个环节，现代书籍装帧对正文部分的设计纷纷呈现出各种个性。如下图所示。

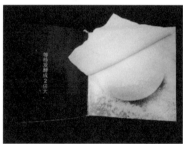

立体书也在这个时候应运而生。

立体书也被称为Pop—Up Book或Movable Book。立体书最初是针对儿童通常都爱玩，不能长时间对一本平面的书籍保持兴趣和热情的特点而设计制作的。爱玩是孩子的天性，玩具和游戏是孩子的生活重心。孩子学习的最主要的工具还是书，那么我们在针对孩子的书籍的设计中，跳出平面的限制，创造出立体空间，变二维为三维，并设计可变环节，变静为动。让书籍也具备玩具的游戏和趣味功能，让孩子对书籍的兴趣大增，在玩的过程中就学到了知识。如下图所示。

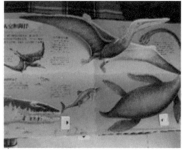

 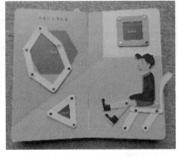 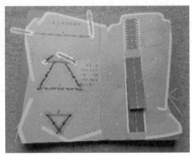

　　有的书籍内页的设计除了立体形态和动态的考虑运用以外，还把声音、灯光甚至气味等元素运用进去，让一本书的表现形式变得更加多元化，让读者的阅读体验更加丰富更加全面，也更加有趣味。如下图所示。

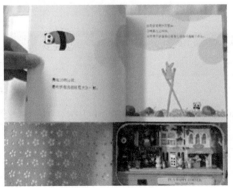 

立体书发展到今天，追求时尚和变化，喜欢新鲜事物的青年人对这种书籍也颇感兴趣；成人在阅读的时候能通过立体感官的刺激以及小环节的互动，也能适当放松，对平时生活和工作带来的压力形成调剂，所以立体书的使用范围也越来越广。如下图所示。

## 6.3　中国传统元素在现代书籍装帧中的应用

中西方艺术精神存在着种种差异，比如：西方强调模仿，中国强调传神；西方强调再现，中国强调表现；西方强调形体，中国强调气韵；西方强调写实，中国强调写意；西方强调生理感官刺激，中国强调人品修养格调等。我们需要深入学习传统文化，了解在现代书籍装帧设计中，有哪些传统的元素是可以恰到好处地进行运用的。

继承传统，弘扬民族文化，并不意味着对传统元素的生硬照搬。传统不是静止的，它在不断地发展，古人为当今的我们留下传统，我们也在为后人创造传统。回归传统并不是单纯的肤浅的表面形式上的回归，而是传统文化精神的回归。在现代书籍装帧设计中，注入中国传统文化的神韵，会使书籍充满生气，又渗透着深邃的文化修养与人品格调。

"民族的即是世界的"这句话大家都熟悉。在设计中体现民族性和本土文化，才能使中国设计走向世界、立足世界。对中国传统元素的挖掘和选用，不能停留在表面，必须经过深入学习，反复分析，然后再创造。中国传统元素具有多样性，题材广泛、内涵丰富、形式多样。我们可以从以下几个方面去进行研究和表现：中国传统哲学、中国古代科技、中国汉字、中国传统建筑、中国传统工艺、中国古代文学、中国民俗文化。

　　具体来说，可以有佛、道、儒文化、茶文化、酒文化等，包括中国书法、中国画、篆刻印章、汉代竹简、秦砖汉瓦、古代兵器、青铜器、阴阳、禅宗、孝服、纸钱、唐诗宋词、中国结、京戏脸谱、皮影、剪纸、风筝、武术、兵马俑、桃花扇、景泰蓝、玉雕、文房四宝、四大发明、中国乐器、传统纹样（龙凤纹、饕餮纹、如意纹、雷纹、回纹、巴纹祥云纹等）、中药、中国刺绣、蜡染、扎染、唐装、年画、对联以及不同的少数民族所固有的丰富的色彩运用习惯等。如下图所示。

| 京剧脸谱 | 青铜器 | 皮影 | 中国乐器 |

| 风筝 | 剪纸 | 景泰蓝 | 中国刺绣 |

| 兽面饕餮纹 | 如意纹 | 经典云雷纹 |

　　强调中国传统元素的使用，并不意味着对西方文化的摒弃。社会在进步，在发展，设计空间也在不断扩大。在进行现代书籍装帧设计的过程中，更要讲究运用研究传统，适应现代的理念。融入西方设计中强烈的、积极的特质，汲取西方的现代设计意识与方法，植根于本土文化的滋养，中西融会贯通，追求美感和功能二者之间的完美和谐统一，才能真正设计出符合时代需求的具有中国文化韵味和中国特色的个性化书籍。如下图所示。

## 6.4 新兴媒体参与的现代书籍设计

近些年，随着科技的飞速发展，新兴媒体越来越受到人们的关注。新兴媒体是建立在数字技术和网络技术基础之上，在新的科学技术支撑体系下出现的媒体形态，如数字期刊、数字报纸、数字广播、移动电视、网络、数字电视、数字电影、触摸媒体等。相对于报刊、户外、广播、电视四大传统媒体，新兴媒体被形象地称为"第五媒体"。新兴媒介的"新"既体现在技术上，也同时体现在形式上，有些媒体是崭新的，如互联网，而有些是在旧媒体的基础上引进新技术后，新旧结合得媒体形式，比如电子报纸。

社会在发展，书籍设计和其他设计一样，也受到新媒体、新工艺的挑战，为适应不同时期的不同读者的需求，书籍也在不断地调整和改变自身的形态与内容。随着信息化普及程度越来越高，人们的阅读方式也更为多样。新媒体环境下，网络信息量非常巨大，数字书籍被孕育出来，它利用计算机技术把文字、图片、影像以及声音等信息，利用数码方式记录在电子设备中，读者不仅可以阅读，还可以复制和传输。而且因为数字书籍相对比于传统纸质书籍，容量更大、更新更快、成本更低，而且不受环境、时间、空间的影响而受到青睐，近些年来得到了快速发展。

目前，阅读数字书籍的电子工具主要有手机、台式机、笔记本电脑、平板电脑、电子书等。传统纸质书籍的图片和文字是印刷在纸张上的，一旦印上就不能做任何改变。纸面上的图片或文字如果在大小和位置上处理不当，对阅读会造成不好的影响。而这些数字书籍脱离了传统纸质的媒介，图片、文字都可以任意地放大或缩小。因为工具不一样，在文字和图片的编排上面可根据需要作出各种相应的调整和改变，读者在阅读的时候也会自然产生不一样的阅读感受。如下图所示。

**手机数字书**

**计算机数字书**

数字书籍又可分为"阅读型"数字书籍和"交互型"数字书籍。

电纸书属于典型的"阅读型"数字书籍。比前面几种阅读平台，电纸书更适合较长时间的阅读。电子书阅读器，放弃使用LED显示屏，采用电子纸屏幕，模仿纸质书籍的阅读感受，读者在阅读时，就仿佛是在阅读普通的纸质书籍，眼睛会更舒适，而且可以很方便地通过网络购买海量的各种类型的书籍。不过这种电纸书阅读器还需另行购买，且不像手机、平板、电脑等设备兼具有更多的功能，所以即便有阅读时的舒适感，但很多人依旧会使用手机、平板、电脑等设备进行数字书籍的阅读。如下图所示。

"交互型"数字书籍通常在书中添加了声音、视频、动画或游戏等环节，极大地增加了书籍的表现形式和趣味性。"交互式"是它的最大优势，它将文字、图片、动画、声音等元素与交互性相结合，让读者与书籍互动，提高人们的阅读兴趣，增加动手动脑的能力，给阅读者除视觉和听觉以外的"触觉感受"。

AR数字书籍是"交互型"数字书籍里的一种，是一种由新兴AR技术带火的AR阅读方式。结合AR技术，让我们对书籍的阅读经历一个由平面到立体，从可读到可视的过程。AR图书最大的特点是让静态的图文"活"起来，并借助智能终端将静态的图画扩展到试听多方位的体验，实现与虚拟图像的"互动"。如下图所示。

　　在AR技术的加持下，原本平淡无奇甚至枯燥乏味的阅读一下子变得鲜活生动起来，只是这种书籍的投入也很大。因为AR书籍要涉及三维数字内容制作、程序编写等工作，技术投入非常高，所以AR书籍的售价大多数都比较贵，而且通常一本书里只有少数几页被赋予AR技术，所以，目前的AR书籍也并没有得到极大的推广，但是相信随着科学技术的不断发展，AR书籍也会越来越成熟，越来越普及，给更多地人带来更多的阅读乐趣。

# 第 7 章

# 概念书籍装帧设计

# 7.1 概念书籍装帧的含义

　　概念书籍装帧设计是设计师在研读书籍内容的基础上，创造性地探求书籍表现形式的一种实验性设计，是将原本书籍中比较严谨的结构和内容要求暂时放下，而对书籍艺术形态在空间形态、材料（如玻璃、木头、金属）工艺以及阅读体验上进行前所未有的尝试，它以崭新的视角和思维去更好地表现书稿的思想内涵，同时在人们对书籍艺术的审美和对书籍的阅读习惯以及接受程度上寻求未来书籍的设计方向，是一种典型的探索性行为。在设计中，设计师将创作灵感发挥到极致，扩大读者接受信息模式的范围，提供人们接受知识、信息的多元化方法，是一种强调观念性、突破性与创造性的视觉艺术设计。

　　对于概念书的设计，要求设计师在专业上必须具备熟练的专业基础、超前的设计理念和设计技巧、良好的洞察力，以及更高的设计视角，并且深入了解到社会和读者的需求，这样设计师做出的设计才能被时代所接受。如下图所示。

## 7.2 概念书籍装帧设计的方法

在对概念书籍进行研究和探索的时候，首先从意识观念上要形成一种更新和转变。社会发展日新月异，数字化媒体传播已然成为了人们获取知识和信息的主要渠道之一，传统的书籍装帧设计面临着严峻的考验和极大挑战。所以作为设计师，必须突破以往传统书籍设计的思维方式，更新观念，不断寻求书籍新的表现形式。要用更前卫、更具有创造性的设计理念来满足当下受众的需求。值得注意的是，独特的创意必须与书籍的内涵相融合，然后以崭新的书籍形态呈现于读者眼前。

概念书籍装帧设计主要是从新的外部形态、展示与阅读方式、阅读和实用、材料的选择几个方面制造"间离效果"，进行突破性的创新设计，使其具备独特的语言内涵，让读者收获非同一般的阅读体验。概念书籍装帧设计中的视觉要素也必须围绕主题内容进行传达和展示，是形与意的综合体现。

### 7.2.1 形态的突破与创新

概念书籍装帧往往因为其大胆的创意、新奇的构思而给人留下深刻的印象。有些书籍的形态超乎想象，几乎完全脱离了我们对书籍的形态的习惯认知。这样独特的外部形态设计也是概念书的魅力之处。在设计时，设计师必须突破传统书籍装帧设计模式，在三维空间里分析思考，以崭新的外部形态呈现，并且开拓书籍的不同的功能区域，探索隐性的设计空间结构。

如下面的书籍，它的外形是圆形的绿色网球状，跟我们印象中方方正正外部形态的书籍完全不一样，关合之后就纯粹是个网球，你根本不会觉得它跟书有什么关系。但打开它能够发现，里面一页页圆形的内页像薯片一样整整齐齐地排列在中间，它也具备一本书的基本结构特征。这样的设计显得生动而有趣，从而使读者在阅读时能收获一种不同寻常的视觉与心理感受。如下图所示。

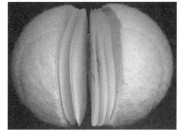

### 7.2.2 展示与阅读方式的突破和创新

过去对书籍的阅读，都是打开封面，然后一页一页地翻阅，文字和图片按照一定的排版呈现在左右两个对开页中。传统的中式装帧的翻阅方式是从左往右翻开，阅读顺序是从右往左，从上往下；西式装帧的书籍是从右往左翻开，阅读顺序是从左往右，从上往下。但是在现代的概念书籍的装帧中，这样的内容展示和阅读方式也是完全可以改变的。

比如孙茂华的概念书籍设计作品，把传统的"翻阅"改变成了"摇阅"。文字和图片也不再是通过一张张的书页来展示和呈现了。在这个作品中，书籍的两端有两个滚轮一样的支架，书籍的版面类似于胶片的效果，读者需要手摇小转柄来进行阅读，整个阅读过程具有一种特别的趣味。如下图所示。

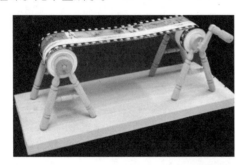

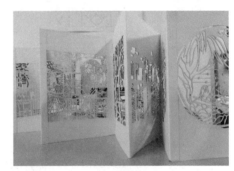

### 7.2.3 实用与阅读的合二为一

如今，人们的生活节奏非常的快，能坐下来慢慢翻阅一本心仪的书可能都是一种奢多。而"跨界"是一种很好的设计思路。我们可以把书籍跟看起来似乎毫不相干的产品结合起来。为了更好地迎合人们各种时间、各种地点的阅读需求，书籍甚至可以无处不在。

应莉娅、马宝霞的作品《真水无香》就采用了这种将实用和阅读功能合二为一的概念设计，以一次性纸杯为载体，每一个纸杯就是书籍的一张页面，读者可以边饮水边阅读。水喝完、书读过即可以把水杯丢掉。在当今快节奏的社会生活中，这类书籍以一种类似于报纸的快餐文化的方式出现，忽略书籍的保存价值，将实用功能与阅读功能合二为一，使其自然地融入生活之中。如下图所示。

### 7.2.4 材料运用的突破和创新

材料的选择本身在书籍装帧设计中就是非常重要的一个环节，放在概念书籍装帧设计中，更是体现书籍内涵和传达独特设计思维的设计语言和物质载体。可用于概念书设计的材料非常丰富，自然材料和人造材料都可以根据需要恰当选择。

自然材料包括棉、麻、木、竹、藤、石、泥土、动物毛皮、树叶、贝壳、豆类、果仁等等。这些自然材料不仅成本低廉，还能给人一种原生态、返璞归真的心理感受。人造材料主要有金属、玻璃、塑料、陶瓷、纺织品乃至生活废弃物等。科技的进步促进了各种新型人造材料的发明和使用，各种各样的材料被巧妙地运用在概念书籍装帧设计中。

无论是自然材料还是人造材料，我们在选择的时候都要符合当下的时代需求，是否环保是必须要考虑的。

书籍装帧设计发展到今天，不仅在尝试把书籍由二维变成三维，把静的变成动的，把无声的变成有声的，还在嗅觉和味觉体验上做出了大胆的尝试和探索。

南海出版公司出版的金河仁的《菊花香》，就选用了安全无毒的带有菊花香味的油墨来印制书籍，读者在翻阅的过程中，随时闻到缕缕的菊花清香，既醒脑，又惬意。如下图所示。

对味觉感受进行挑战的书籍设计师，设计制作出形态各异，好玩好看，还非常好吃的概念书籍。设计师创造性地选用无毒无害的可食用材料，在特殊的条件下完成书籍的设计和制作。德国设计事务所KOREFE的概念书籍装帧设计作品，便成了世界上首本能看、能煮、能吃的食谱。这本"The Real Cookbook"（《真食谱》）教给人们如何制作"烤面条"。整本书用100%新鲜的面食制作而成，书的每一页上都用文字表述了关于制作意大利千层面的一个步骤，每一层都铺一些馅料，读者看完后，整本书就已经装满了馅料了，然后把书放进烤箱中，美味的千层面就做好了。如下图所示。

另外，在植物和雨水都非常稀少的沙漠，空气又特别干燥，水和食物就显得特别珍贵。路虎公司在迪拜实验性地用一种可以食用的墨水和纸张来制作可以食用的《阿拉伯沙漠生存手册》。这本小册子将野外生存需要注意的事项详细地记录在内。如果人们在沙漠中迷路了，还可以在饥饿难耐的时候用这本手册果腹，整本书相当于一个汉堡的热量。如下图所示。

 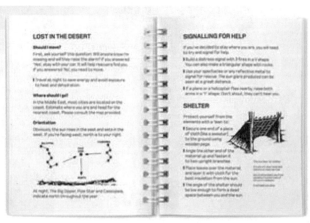

　　总的来说，概念书籍装帧设计本身就是一种探索性的、实验性的追求。有可能在今天，有些表现形态不一定能被大众普遍接受，但是却有可能引领将来的书籍设计风尚和潮流。目前，中国概念书设计的发展还不成熟，设计师更需要深入了解书籍的内涵，对书籍形式的设计开发和制作材料创新求异，并深入学习和传承中华文化，体现中国元素的精华和至美至雅的表现风格，不断拓展视野，增强想象力和创造力，努力设计出集科学性、创造性、艺术性、交互性和实用性于一体的全新概念书籍。

## 7.3 概念书设计欣赏

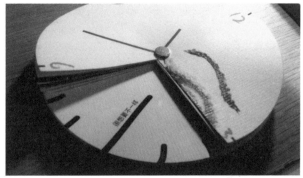

概念书籍《时间》

概念书籍《门神》

概念书籍《手术》

概念书籍《间》

概念书籍《口袋怪兽》

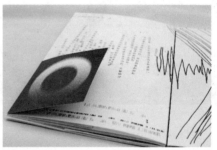

概念书籍《噪音》

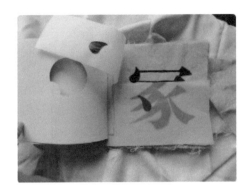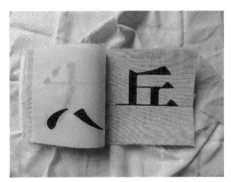

概念书籍《差错》

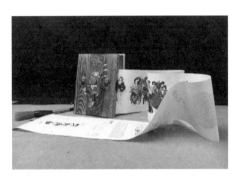

概念书籍《馥郁》　　　　　　　　　　　概念书籍《壹载》

概念书籍《杂碎》

概念书籍《手造》

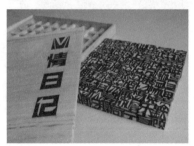

概念书籍《心情日记》

概念书籍《平面国》

其他概念书籍设计如下。

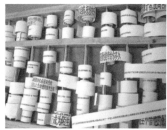

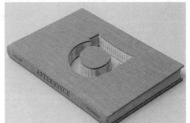

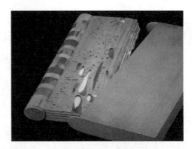

# 参 考 文 献

[1] 吕敬人. 书艺问道[M]. 北京：中国青年出版社，2009.

[2] 孙海波. 甲骨文编[M]. 北京：中华书局，1956.

[3] 黄承吉. 字诂·考识[M]. 成都：巴蜀书社，1911.

[4] 张树栋、庞多益. 简明中华印刷通史[M]. 桂林：广西师范大学出版社，2004.

[5] 王淮珠. 书刊装订工艺[M]. 北京：印刷工业出版社，1990.

[6] 方如. 装帧艺术[M]. 南昌：江西美术出版社，2006.

[7] 李长春. 书籍与版式设计[M]. 北京：中国轻工业出版社，2006.

[8] 任雪玲. 书籍装帧设计[M]. 北京：中国纺织出版社，2010.

[9] 黄彦. 现代书籍设计[M]. 北京：化学工业出版社，2019.

[10] 张慈中. 书籍装帧材料[M]. 北京：文化发展出版社，2012.

[11] 漆杰峰. 书籍装帧设计[M]. 长沙：中南大学出版社，2009.

[12] 张洪海. 印刷工艺[M]. 北京：中国轻工业出版社，2018.

[13] 雷俊霞. 书籍设计与印刷工艺[M]. 北京：人民邮电出版社，2015.

[14] 赵青. 浅析概念书设计对阅读方式的重构[J]. 大众文艺，2014(12)

[15] 王筱丹. 从概念书看书籍设计发展趋势[J]. 美术教育研究，2012(2)

[16] https://baike.so.com/doc/5978250-6191211.html

[17] https://wenku.baidu.com/view/d0ea3a5eeefdc8d377ee323f.html

[18] https://ishare.iask.sina.com.cn/f/iyVdmOxsJ0.html https://www.zcool.com.cn/work/ZMzcyOTU2NA==.html

[19] https://www.zcool.com.cn/work/ZMjA2NzAyMTY=/2.html

[20] https://www.toooopen.com/work/view/1252.htm

[21] http://www.nipic.com/show/3/91/5242716422badf7a.html

[22] https://v.paixin.com/photocopyright/79453746

[23] https://www.sohu.com/a/259331104_816979

[24] http://www.zcool.com.cn/work/ZMjU2MjA0MDg%3D.html?switchPage=on

[25] http://www.serengeseba.com/w/%E4%BD%9C%E4%B8%9A%E6%9C%AC%E6%89%89%E9%A1%B5%E8
%AE%BE%E8%AE%A1%E5%9B%BE%E7%89%87/

[26] http://www.nipic.com/show/14630815.html

[27] https://www.zcool.com.cn/work/ZMTc1MDQxNDQ=/3.html

[28] http://www.nipic.com/show/9686515.html

[29] http://www.xueui.cn/appreciate/book-design-and-printing-technology.html

[30] http://www.xspic.com/sheji/fengmian/2029637.htm

[31] https://www.zcool.com.cn/work/ZMzc0NzE5NTI=.html

[32] https://wenku.baidu.com/view/644d3a6fbdd126fff705cc1755270722182e5941.html

[33] http://www.docin.com/p-1296769684.html

[34] http://www.docin.com/p-1609171003.html?docfrom=rrela

[35] https://wenku.baidu.com/view/70ef350b5727a5e9856a61d2.html

[36] https://www.3lian.com/gif/2017/09-28/1506561076168420_2.html

[37] https://www.bujie.com/detail/iid-43080595476.htm

[38] http://www.360doc.com/content/12/1101/10/4249226_245046963.shtml

[39] http://blog.sina.com.cn/s/blog_5c78c5820102wew0.html

[40] http://blog.sina.com.cn/s/blog_41700d680102v1er.html

[41] https://baijiahao.baidu.com/s?id=1594152439329754611

[42] http://www.docin.com/p-168062520.html

[43] https://www.zhazhi.com/lunwen/sjlw/sjsjlw/25914.

[44] http://www.doc88.com/p-2764838429647.html

[45] https://www.zcool.com.cn/work/ZMTM3NTk1NTI=.html